21世纪高等学校规划教材 | 计算机科学与技术

C#网络程序开发

(第二版)

何波 傅由甲 主编

清华大学出版社
北京

内容简介

本书是C#网络程序开发的经典教材，涵盖C#网络程序开发的理论、实验和课程设计。全书共包含五大部分：第一部分为C#网络程序开发基础，包括网络程序开发基础知识和C#网络程序开发基础；第二部分为C#网络传输程序开发，包括TCP、UDP和P2P网络程序开发技术；第三部分为Internet应用程序开发，包括FTP、电子邮件、HTTP和Web Service网络程序开发技术；第四部分为C#网络程序开发实践，包括TCP、UDP、P2P、FTP、电子邮件、HTTP和Web Service网络程序开发实践；第五部分为C#网络程序开发课程设计，包括课程设计目的、题目及要求、考核方式。

本书遵循由浅入深、逐步深入的原则，实验以理论课例程为基础进行扩展和提高，有利于激发学习兴趣，增强学习的自信心和成就感，进而牢固地掌握网络程序开发技术。本书提供了配套的课件和源程序。

本书可作为高等院校计算机及相关专业的教材，也可作为信息技术领域教师、学生和工程技术人员的参考书。

图书在版编目(CIP)数据

C#网络程序开发/何波等主编.—2版.—北京：清华大学出版社，2019（2024.8重印）
（21世纪高等学校规划教材·计算机科学与技术）
ISBN 978-7-302-50676-8

Ⅰ.①C… Ⅱ.①何… Ⅲ.①C语言—程序设计—高等学校—教材 Ⅳ.①TP312.8

中国版本图书馆CIP数据核字(2018)第161082号

责任编辑：闫红梅 王冰飞
封面设计：傅瑞学
责任校对：梁 毅
责任印制：宋 林

出版发行：清华大学出版社
网 址：https://www.tup.com.cn，https://www.wqxuetang.com
地 址：北京清华大学学研大厦A座 **邮 编**：100084
社 总 机：010-83470000 **邮 购**：010-62786544
投稿与读者服务：010-62776969，c-service@tup.tsinghua.edu.cn
质量反馈：010-62772015，zhiliang@tup.tsinghua.edu.cn
课件下载：https://www.tup.com.cn，010-83470236
印 装 者：涿州市般润文化传播有限公司
经 销：全国新华书店
开 本：185mm×260mm **印 张**：13.25 **字 数**：324千字
版 次：2014年5月第1版 2019年1月第2版 **印 次**：2024年8月第5次印刷
印 数：3001～3300
定 价：39.00元

产品编号：079863-01

随着计算机网络的日益普及，各种计算机网络程序已深入到大众生活的方方面面，使得网络程序开发成为程序开发的一个非常重要的方向，近年来很多高校也都开设了网络程序开发的相关课程。Visual C#是微软公司在吸取Java和C++优点的基础上研发的面向对象的程序设计语言，非常适合各种网络应用程序的开发。由于PC用户90%以上仍使用Windows操作系统，因此Visual C#成为PC上网络软件开发的首选。

本书涵盖C#网络程序开发的理论、实验和课程设计。

全书共包含五大部分，内容如下。

第一部分　C#网络程序开发基础(包括网络程序开发基础知识和C#网络程序开发基础)。

第二部分　C#网络传输程序开发(包括TCP、UDP和P2P网络程序开发技术)。

第三部分　C#Internet应用程序开发(包括FTP、电子邮件、HTTP和Web Service网络程序开发技术)。

第四部分　C#网络程序开发实践(包括TCP、UDP、P2P、FTP、电子邮件、HTTP和Web Service网络程序开发实践)。

第五部分　C#网络程序开发课程设计(包括课程设计目的、题目及要求、考核方式)。

本书由重庆理工大学何波、傅由甲主编。

本书可作为高等院校计算机及相关专业的教材，也可作为信息技术领域教师、学生和工程技术人员的参考书。

在本书的编写过程中参考了国内外相关教材和著作，在此向文献作者表示真诚的感谢。由于编者水平有限，书中难免存在错误或不妥之处，恳请读者批评指正。

编　者

2018年9月

目录

第一部分　C#网络程序开发基础

第1章　C#网络程序开发基础知识 …… 3

1.1　网络通信模型及分类 …… 3

1.1.1　分散式、集中式与分布式系统 …… 3

1.1.2　C/S、B/S与P2P网络通信架构 …… 4

1.2　TCP/IP网络模型及协议 …… 5

1.2.1　TCP/IP网络架构 …… 5

1.2.2　TCP协议和UDP协议 …… 7

1.2.3　IP协议 …… 7

1.3　网络程序通信机制 …… 8

1.3.1　端口与套接字 …… 8

1.3.2　基于套接字的网络进程通信机制 …… 8

第2章　C#网络程序开发基础 …… 10

2.1　Visual Studio.NET集成开发环境概述 …… 10

2.2　开发环境的安装与常见C#网络编程简介 …… 11

2.2.1　开发环境的安装 …… 11

2.2.2　C#网络编程简介 …… 14

2.3　C#.NET网络程序开发基本类 …… 14

2.3.1　IPAddress类 …… 15

2.3.2　IPHostEntry类 …… 15

2.3.3　IPEndPoint类 …… 15

2.3.4　Dns类 …… 16

2.3.5　Ping及相关类 …… 17

2.4　C#套接字与网络流 …… 18

2.4.1　Socket类 …… 18

2.4.2　套接字的类型与使用方法 …… 19

2.4.3　网络流 …… 24

2.4.4　网络数据编码与解码 …… 26

2.5　多线程技术 …… 31

2.5.1　多线程概述 …… 31

2.5.2　多线程的创建与使用 …… 31

2.5.3　多线程的同步 …… 39

2.5.4 线程池的概念与使用方法 …… 40

第二部分 C#网络传输程序开发

第3章 TCP网络程序开发 …… 45

3.1 TCP程序开发主要技术 …… 45
3.1.1 使用套接字进行TCP传输 …… 45
3.1.2 使用TCP类进行网络传输 …… 47
3.1.3 同步与异步 …… 52
3.2 基于同步TCP的网络聊天程序开发 …… 70
3.2.1 功能介绍及界面设计 …… 70
3.2.2 服务器程序编写 …… 72
3.2.3 客户端程序编写 …… 78
3.3 基于异步TCP的网络聊天程序开发 …… 82
3.3.1 异步程序编程方法 …… 83
3.3.2 界面设计 …… 89
3.3.3 服务器端程序编写 …… 89
3.3.4 客户端程序编写 …… 90

第4章 UDP网络程序开发 …… 91

4.1 UDP程序开发的主要技术 …… 91
4.1.1 UDP与TCP的区别与优势 …… 91
4.1.2 使用UDP类进行网络传输 …… 92
4.1.3 UDP下的同步与异步通信 …… 93
4.2 UDP的广播与组播程序开发 …… 95
4.2.1 广播与组播的基本概念 …… 96
4.2.2 组播组的加入与退出 …… 96
4.3 基于广播和组播的网络会议程序开发 …… 97
4.3.1 功能介绍及页面设计 …… 97
4.3.2 程序实现代码 …… 98

第5章 P2P网络程序开发 …… 103

5.1 P2P基础知识 …… 103
5.1.1 P2P的发展历程 …… 103
5.1.2 P2P的架构 …… 103
5.1.3 P2P通信步骤 …… 105
5.2 .NET下的P2P程序开发 …… 105
5.2.1 对等名称解析协议 …… 105
5.2.2 PeerToPeer命名空间 …… 107
5.3 P2P资源注册与发现程序开发 …… 110

5.3.1 P2P 资源发现过程 …… 110
5.3.2 P2P 资源注册程序开发 …… 111
5.3.3 P2P 资源发现程序开发 …… 115

第三部分 Internet 应用程序开发

第 6 章 FTP 网络程序开发 …… 121

6.1 FTP 原理及规范 …… 121
6.1.1 FTP 概述 …… 121
6.1.2 FTP 工作原理和数据传输 …… 121
6.1.3 FTP 规范 …… 123
6.2 FTP 程序开发相关类 …… 125
6.2.1 FtpWebRequest 类 …… 125
6.2.2 FtpWebResponse 类 …… 127
6.2.3 NetworkCredential 类 …… 127
6.3 编写 FTP 的文件上传下载器 …… 128
6.3.1 FTP 服务器的配置 …… 128
6.3.2 功能介绍及界面设计 …… 130
6.3.3 上传文件程序开发实现 …… 132
6.3.4 下载文件程序开发实现 …… 133

第 7 章 SMTP 与 POP3 网络程序开发技术 …… 135

7.1 邮件发送与接收协议 …… 135
7.1.1 邮件发送与 SMTP 协议 …… 135
7.1.2 邮件接收与 POP3 协议 …… 136
7.1.3 .NET 下的邮件收发相关类 …… 137
7.2 邮件客户端程序开发实现 …… 140
7.2.1 功能介绍及页面设计 …… 140
7.2.2 邮件发送模块程序开发实现 …… 141
7.2.3 邮件接收模块程序开发实现 …… 143

第 8 章 基于 HTTP 的 Web 程序开发技术 …… 150

8.1 HTTP 简介 …… 150
8.1.1 HTTP 工作原理及特点 …… 150
8.1.2 HTTP 协议 …… 151
8.2 .NET 下的 HTTP 程序开发技术 …… 155
8.2.1 HTTP 程序开发相关类 …… 155
8.2.2 Web 中的数据提交 …… 156
8.2.3 Web 数据交换举例 …… 157
8.3 编写 HTTP 下的多线程文件下载器 …… 161

8.3.1 网络资源有效性检测…… 161
8.3.2 使用多线程下载文件…… 162

第9章 Web Service 程序开发技术 …… 171

9.1 Web Service 技术概述 …… 171
9.1.1 Web Service 基本概念 …… 171
9.1.2 Web Service 的优势与短处 …… 171
9.1.3 Web Service 的架构 …… 172
9.2 创建和使用 Web 服务…… 173
9.2.1 创建 Web 服务 …… 173
9.2.2 调用 Web 服务 …… 175
9.3 Web Service 实用程序开发举例 …… 177
9.3.1 使用 Web Service 编写天气预报程序 …… 177
9.3.2 使用 Web Service 查询股票行情 …… 183

第四部分 C#网络程序开发实践

实验一 C#网络程序开发基础——使用多线程扫描主机及端口 …… 187

实验二 TCP 程序开发实践——C/S 模式的局域网聊天程序开发…… 188

实验三 UDP 程序开发实践——局域网视频聊天程序开发 …… 189

实验四 P2P 程序开发实践——双人对战五子棋…… 190

实验五 FTP 程序开发实践——编写自己的 FTP 服务器 …… 191

实验六 电子邮件程序开发实践——电子邮件客户端…… 192

实验七 HTTP 程序开发实践——编写自己的简单 Web 浏览器 …… 193

实验八 Web Service 程序开发实践——学生网络选课管理程序 …… 194

第五部分 C#网络程序开发课程设计

参考文献…… 204

第一部分　C#网络程序开发基础

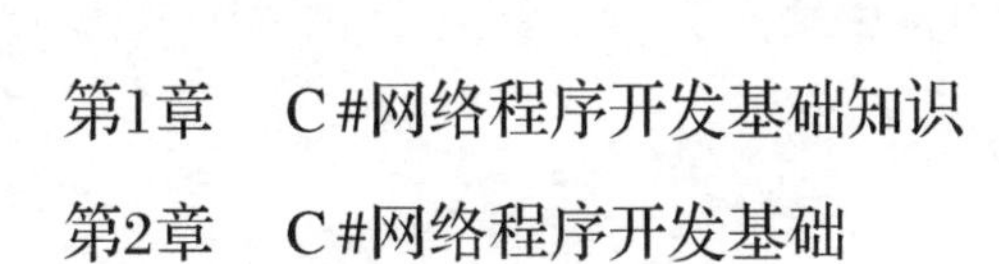

第1章　C#网络程序开发基础知识
第2章　C#网络程序开发基础

第1章 C#网络程序开发基础知识

1.1 网络通信模型及分类

1.1.1 分散式、集中式与分布式系统

为了网络通信的需要，人们经常需要对网络通信模型做一定的分析，为此，提出了各种参考模型。随着科技的进步，网络技术高速发展，网络的通信模型也在不断变化，但总体目标向着“简单明了”和“实用化”的方向发展。根据数据的通信方式，可以将通信模型分为分散式(Decentralized)系统、集中式(Centralized)系统和分布式(Distributed)系统三大类。

1. 分散式系统

在分散式系统中，用户只需负责管理自己的计算机系统，各自独立的系统之间没有资源或信息的交换或共享，由此引起大量共享数据的重复存储，造成数据冗余，容易导致共享的不同用户之间数据的不一致性，同时造成硬件的运营维护等成本大量增加。

2. 集中式系统

在集中式系统中，通过一台主计算机保存共享的全部数据，用户通过终端连接到这台主计算机进行数据访问。终端包含键盘和显示器，使用通信链路接收和发送数据。

集中式系统的优点是资源集中，硬件成本低，数据共享访问方便，减少或消除了数据的冗余与不一致。但它的主要缺点是可靠性不如分散式系统，一旦主机出现故障，整个系统都会瘫痪；另外，由于系统为所有用户共享，无法满足特殊用户的计算需要，系统响应较慢。

3. 分布式系统

分布式系统是集中式系统和分散式系统的混合，由多个连接起来的独立计算机组成。与计算机网络相比，分布式系统的资源以透明的形式供给用户使用，用户在使用资源时无须知道该资源是本地的还是远程的，对于远程资源也可以像本地资源一样任意调用，而计算机网络则需要先知道资源的位置，与资源所在的主机建立连接后才能使用；此外，分布式系统还具有高度的内聚性，每个数据库分布节点高度自治，有本地的数据库管理系统。分布式系

统的著名例子是万维网(World Wide Web),在万维网中,所有的 Web 看起来就好像是放在一个主机上一样。

当然,分布式系统和计算机网络还是有相通的地方,多数分布式系统的建立是以计算机网络为基础的,所以分布式系统与计算机网络在物理结构上基本相同,它们的区别主要在软件层面。

1.1.2 C/S、B/S 与 P2P 网络通信架构

1. C/S 模型

C/S(Client/Server)模型也叫作 C/S 结构,即客户机/服务器结构,它是在分散式系统、集中式系统和分布式系统的基础之上发展出来的,当前的大多数通信网络都是这种模型。

C/S 模型将一个网络事务处理分为两部分,一部分是客户端(Client),主要负责界面和处理业务逻辑,并为用户提供网络请求服务的接口,如数据查询请求;一部分是服务器端(Server),一般以数据处理能力较强的数据库管理系统作为后台,负责接收和处理用户对服务的请求,并将这些服务透明地提供给用户。C/S 结构一般采用两层结构,如图 1-1 所示。

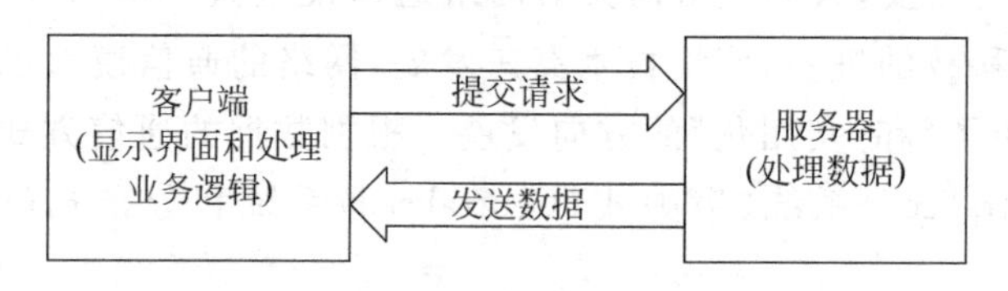

图 1-1　C/S 结构工作示意图

从程序实现角度来说,客户端和服务器端间的通信先由服务器端启动 Server 进程,然后等待客户端的请求服务;客户端启动 Client 进程向服务器申请服务。服务器处理完一个客户端请求信息后再继续等待其他客户端的请求,周而复始地以这样一种方式进行。

在这种结构中,服务器硬件需要足够强的处理能力,才能满足客户的要求。

C/S 结构的技术较为成熟,其特点是交互性强,具有安全的存取模式,网络通信量低,响应速度快,利于处理大量的数据,可以充分利用两端硬件环境的优势,将任务合理分配到客户端和服务器端来实现,既适用于实际应用程序,又适用于统一的计算和处理。但是它也有缺点,即该结构的程序为针对性开发,不能灵活变更,维护和管理的难度比较大,通常只局限于小型局域网,不利于扩展。

2. B/S 模型

B/S(Browse/Server)模型即浏览器/服务器模式,也叫 B/S 结构。它只安装维护一个服务器(Server),而客户端采用浏览器(Browse)运行软件。B/S 结构是随着 Internet 技术的兴起,对 C/S 结构的变化和改进。它和 C/S 并没有本质区别,是 C/S 模型的一种特例,特殊在于这种模型必须使用 HTTP(Hypertext Transfer Protocol,超文本传送协议)。

B/S 结构采用的是三层客户机/服务器结构,在数据管理层(Server)和用户界面层(Client)增加了一层结构,称为中间件(Middleware),使整个体系分为三层。三层结构是伴随着中间件技术的成熟而兴起的,核心概念是利用中间件将应用分别表示为界面层、业务逻

辑层和数据存储层 3 个不同的处理层，如图 1-2 所示。

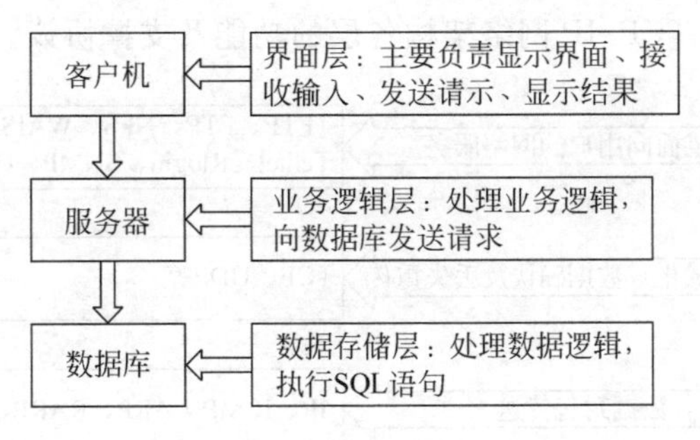

图 1-2 B/S 结构工作示意图

中间件作为构造三层结构的基础平台，具有如下主要功能：负责客户机与服务器、服务器与数据库之间的连接和通信；实现应用与数据库之间的高效连接。具有中间件的三层结构在层与层之间相互独立，任一层的改变都不会影响其他层的功能。

在 B/S 体系结构系统中，用户通过浏览器向分布在网络上的许多服务器发出请求，服务器对浏览器的请求进行处理，将用户所需信息返回到浏览器。而其余的工作，如数据请求、加工、结果返回以及动态网页生成、对数据库的访问和应用程序的执行等，全部由服务器完成。可以看出，B/S 结构相对于 C/S 结构是一个非常大的进步。

B/S 结构的主要特点是分布性强、维护方便、开发简单且共享性强，如一台计算机可以访问任意一个 Web 服务器，用户只需要知道服务器的网址即可访问，不需要针对不同服务器分别提供专门的客户端软件。但 B/S 结构的缺点在于数据存在安全性问题，对服务器要求过高，数据传输慢，软件个性化特点明显降低，而且实现复杂的应用构造有较大困难。

综上所述，两种模式各有利弊。C/S 结构适用于特定范围，如局域网；而 B/S 结构则可以弥补 C/S 结构在应用平台上的功能不足。从可扩展性和高灵活性显示，B/S 结构将是未来的发展方向。

3. P2P 模型

P2P(Peer-to-Peer)称为对等互连模型。在此环境中，网络上的各台主机具有相同的功能，无主从之分，任一台计算机都是既可当服务器，设定共享资源供网络中其他计算机使用，又可作为工作站。从程序实现来说，一个应用程序同时起到客户端和服务器的作用。目前，它是小型局域网常用的组网方式，其优点是配置容易，通信便利，成本低；缺点是可靠性不如 C/S 模型，易遭黑客攻击。

1.2 TCP/IP 网络模型及协议

1.2.1 TCP/IP 网络架构

TCP/IP 网络架构也称为 TCP/IP(Transmission Control Protocol/Internet Protocol，传输控制协议/网际协议)参考模型。它是目前全球互联网工作的基础，该架构将网络功能从上至下划分为：应用层、传输层、网际层和网络接口层，每一层的功能由一系列网络协议进行体现，图 1-3 给出了 TCP/IP 网络架构各层的功能及支撑协议。

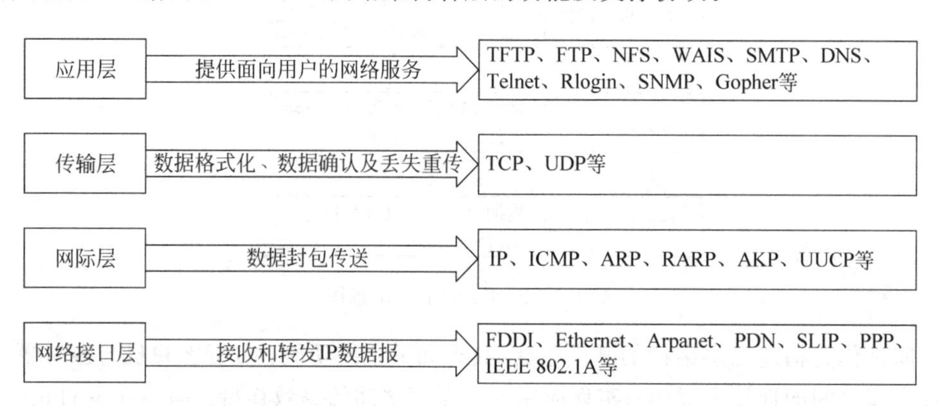

图 1-3 TCP/IP 网络架构各层的功能及支撑协议

TCP/IP 网络架构采用自顶而下的分层结构，每一层都需要下一层所提供的服务来满足自己的需求，本层协议生成的数据封装在下一层协议的数据中进行传输，因此各层间的协议有依赖关系。下面简单介绍一下 TCP/IP 模型各层的主要功能。

(1) 应用层：即最高层，提供面向用户的网络服务，负责应用程序之间的沟通，主要协议有简单邮件传输协议(SMTP)、文件传输协议(FTP)、超文本传输协议(HTTP)、域名系统(DNS)、网络远程访问协议(Telnet)等。

Socket 支持多个应用程序间基本的消息传递功能，通过遵循应用层上的某一种或几种协议的规范，使应用程序完成用户需要的相应功能，这是本书网络应用程序开发的目的。

(2) 传输层：位于第 3 层，完成多台主机间的通信，提供节点间的数据传送及应用程序间的通信服务，也称为“端到端”通信，通过在通信的实体间建立一条逻辑链路，屏蔽了 IP 层的路由选择和物理网络细节。传输层的功能主要是数据格式化、数据确认及丢失重传等。该层协议有传输控制协议(TCP)和用户数据报协议(UDP)，提供不同的通信质量和需求的服务。

(3) 网际层：位于第 2 层，也称为网络互联层或 Internet 层，由于该层最重要的协议是 IP 协议，所以也称为 IP 层。该层负责提供基本的数据封包传送功能，在它上面传输的数据单元叫 IP 数据报，或 IP 分组。网际层让每个 IP 数据报都能够到达目的主机，但是它不检查数据报是否被正确接收。

网络层的本质是使用 IP 将各种不同的物理网络互联，组成一个传输 IP 数据报的虚拟网络，实现不同网络的互联功能，该层协议除了 IP 协议外，还有 Internet 控制报文协议(ICMP)和 Internet 组管理协议(IGMP)。

(4) 网络接口层：该层位于协议架构的最底层，负责接收 IP 数据报并发送到其下的物理网络，或从网络上接收物理帧，抽取 IP 数据报转交给网际层。这里的物理网络指各种实际传输数据的局域网或广域网。

1.2.2　TCP 协议和 UDP 协议

1. TCP

TCP 是一种面向连接的、可靠的、基于字节流的传输层通信协议。面向连接意味着两个使用 TCP 的进程(一个客户和一个服务器)在交换数据之前必须先建立好连接，然后才能开始传输数据。建立连接时采用客户服务器模式，其中主动发起连接建立的进程叫做客户(Client)，被动等待连接建立的进程叫做服务器(Server)。

TCP 提供全双工的数据传输服务，这意味着建立了 TCP 连接的主机双方可以同时发送和接收数据。这样，接收方收到发送方消息后的确认可以在反方向的数据流中进行捎带。"端到端"的 TCP 通信意味着 TCP 连接发生在两个进程之间，一个进程发送数据，只有一个接收方，因此 TCP 不支持广播和组播。

TCP 连接面向字节流，字节流意味着用户数据没有边界，例如，发送进程在 TCP 连接上发送了 2 个 512 字节的数据，接收方接收到的可能是 2 个 512 字节的数据，也可能是 1 个 1024 字节的数据。因此，接收方若要正确检测数据的边界，必须由发送方和接收方共同约定，并且在用户进程中按这些约定来实现。

TCP 接收到数据包后，将信息送到更高层的应用程序，如 FTP 的服务程序和客户程序。应用程序处理后，再轮流将信息送回传输层，传输层再将它们向下传送到网际层，最后到接收方。

2. UDP

UDP 与 TCP 位于同一层，但与 TCP 不同，UDP 协议提供的是一种无连接的、不可靠的传输层协议，只提供有限的差错检验功能。它在 IP 层上附加了简单的多路复用功能，提供端到端的数据传输服务。设计 UDP 的目的是为了以最小的开销在可靠的或者是对数据可靠性要求不高的环境中进行通信，由于无连接，UDP 支持广播和组播，这在多媒体应用中是非常有用的。

1.2.3　IP 协议

IP(网际)协议是 TCP/IP 模型的核心，也是网络层最重要的协议。

网际层接收来自网络接口层的数据包，并将数据包发送到传输层；相反，也将传输层的数据包传送到网络接口层。IP 协议主要包括无连接数据报传送，数据报路由器选择以及差错处理等功能。

由于网络拥挤、网络故障等问题可能导致数据报无法顺利通过传输层。IP 协议具有有限的报错功能，不能有效处理数据报延迟，不按顺序到达和数据报出错，所以 IP 协议需要与另外的协议配套使用，包括地址解析协议 ARP、逆地址解析协议 RARP、因特网控制报文协议 ICMP、因特网组管理协议 IGMP 等。IP 数据包中含有源地址(发送它的主机地址)和目的地址(接收它的主机地址)。

IP 协议对于网络通信而言有着重要的意义。由于网络中的所有计算机都安装了 IP 软件，使得许许多多的局域网构成了庞大而严密的通信系统，才形成了如今的 Internet。其实,Internet 并非一个真实存在的网络,而是一个虚拟网络,只不过是利用 IP 协议把世界上所有愿意接入 Internet 的计算机局域网络连接起来,使之能够相互通信。

1.3 网络程序通信机制

1.3.1 端口与套接字

1. 端口

主机之间的通信,看起来只要知道了 IP 地址就可以实现。其实不然,真正完成通信功能的不是两台计算机,而是两台计算机上的进程。IP 地址只能标识到某台主机,而不能标识计算机上的进程。如果要标识进程,完成通信,需要引入新的地址空间,这就是端口(port)。

端口目前有两种意义:一是指物理端口,比如 ADSL Modem、集线器、交换机、路由器上连接其他设备的接口,如 RJ-45 端口、SC 端口等;二是逻辑端口,即进程标识,如 HTTP 的 80 端口,FTP 的 21 端口等。本书所指的端口都是指逻辑端口。定义端口是为了解决与多个应用进程同时进行通信的问题。端口地址由两字节的二进制数表示。端口号范围从 0 到65535。由于 TCP/IP 传输层的两个协议 TCP 和 UDP 是独立的两个软件模块,因此各自的端口号也互相独立。端口号的分配规则如下:

(1) 端口 0:不使用,或者作为特殊的使用。

(2) 端口 1～255:保留给特定的服务。

(3) 端口 256～1023:保留给其他服务。

(4) 端口 1024～49999:可以用作任意客户的端口。

(5) 端口 5000～65535:可以用作用户的服务器端口。

一个完整的网间通信需要两个进程组成,并且只能使用同一种高层协议,因此可以用一个 5 元组来标识:协议、本地地址、本地端口号、远地地址、远地端口号。

2. 套接字

套接字是支持 TCP/IP 网络通信的基本操作单元,是不同主机间的进程进行双向通信的端点,使用套接字便于区分不同应用程序进程间的网络通信和连接。如图 1-4 所示,有三台建立了通信连接的主机。对通信的一对主机来说,套接字包括发送方 IP、发送方端口号、接收方 IP、接收方端口号、协议五部分。

1.3.2 基于套接字的网络进程通信机制

网络进程与单机进程之间的不同是前者可以在网络上和其他主机中的进程互通信息。在同一台计算机中,两个进程之间通信,只需要两者知道系统为他们分配的进程号(Process ID)就可以实现通信。但是网络情况下,进程通信变得复杂得多。首先,要解决如何识别网络中的不同主机;其次,不同的主机上的系统独立运行,进程号的分配策略也不同。套接字屏蔽了 TCP/IP 协议栈的复杂性,使得在网络编程者看来,两个网络进程间的通信实质上就

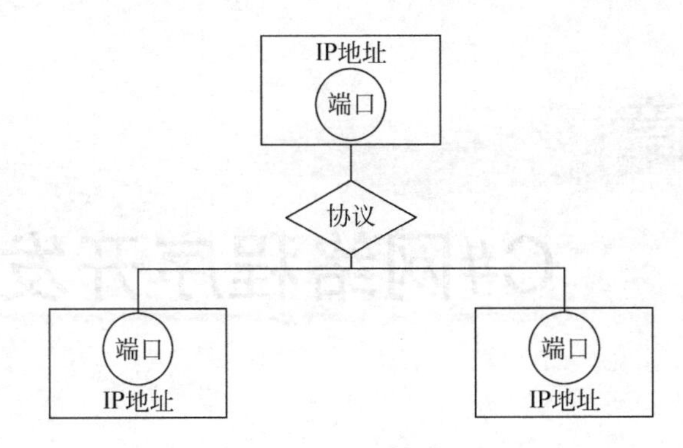

图 1-4　套接字概况图

是它们各自所绑定的套接字之间的通信。这时，通信的网络进程间至少需要一对套接字，分别运行于服务端和客户端，根据连接启动方式及本地套接字连接目标，套接字之间的连接可分为服务监听，客户端请求，连接确认 3 个步骤。图 1-5 给出了 TCP 协议下的网络进程通信的步骤。

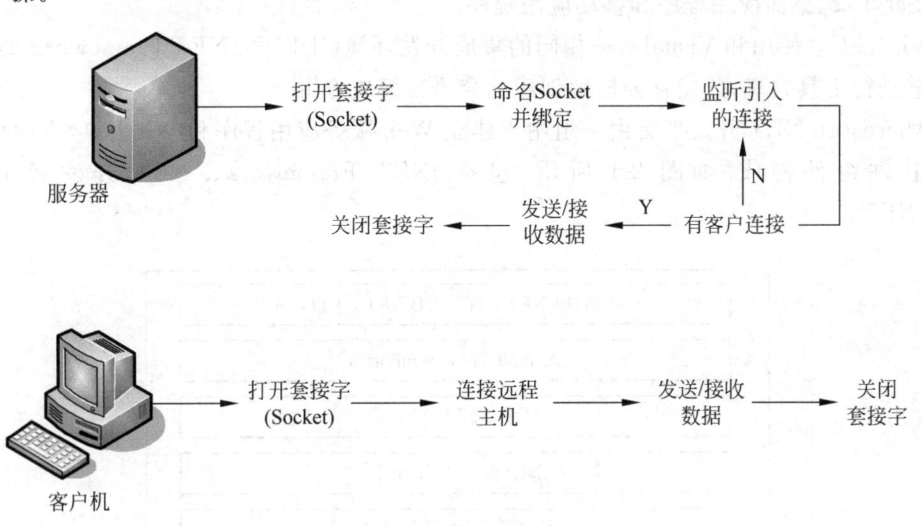

图 1-5　使用套接字传输数据

第2章 C#网络程序开发基础

2.1 Visual Studio.NET 集成开发环境概述

Visual Studio 是一套完整的开发工具，用于生成 ASP.NET 的 Web 应用程序、XML Web Services、桌面应用程序和移动应用程序。

Visual C# 使用和 Visual C++相同的集成开发环境(IDE)和.NET Framework 架构，从而能够进行工具共享，并能够轻松地创建混合语言解决方案。

Microsoft.NET 开发平台由一组用于建立 Web 服务应用程序和 Windows 桌面应用程序的软件组件构成，如图 2-1 所示，包括.NET Framework、.NET 开发者工具和 ASP.NET。

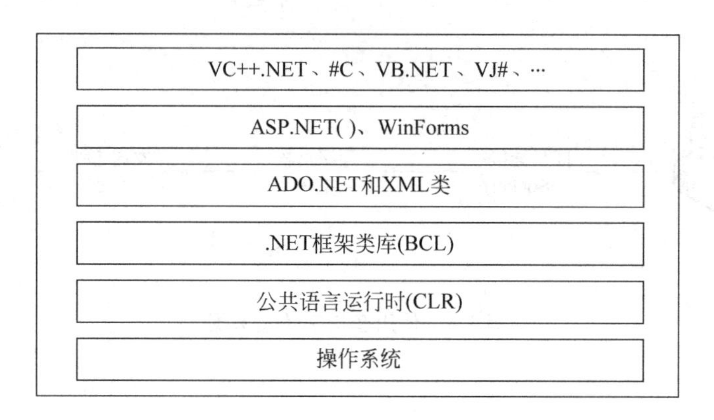

图 2-1 Microsoft.NET 平台构成

.NET Framework 是支持生成和运行下一代应用程序和 Web 服务的内部 Windows 组件。.NET Framework 的关键组件称为公共语言运行时(CLR)和.NET Framework 类库(包括 ADO.NET、ASP.NET、Windows 窗体和 Windows Presentation Foundation (WPF))。.NET Framework 提供了托管执行环境、简化的开发和部署以及与各种编程语言的集成。目前的较新版本是.NET Framework 4.5。主要的开发者工具是 Visual Studio，现在流行的版本是 Visual Studio 2010。

2.2 开发环境的安装与常见 C#网络编程简介

2.2.1 开发环境的安装

Visual Studio 是 Windows 平台上开发应用程序的主流环境之一。Visual Studio 2010 版本于 2010 年 4 月 12 日上市，其集成开发环境(IDE)的界面被重新设计和组织，变得更加简单明了。它以.NET Framework 4.0 为底层运行环境，支持开发面向 Windows 7 的应用程序。除了 Microsoft SQL Server，它还支持 IBM DB2 和 Oracle 数据库。

安装 Visual Studio 2010 需要 Windows XP SP2 以上操作系统，具体操作如下：

(1) 打开安装程序，出现如图 2-2 所示界面，单击“安装 Microsoft Visual Studio 2010”。

图 2-2 Visual Studio 2010 安装界面

(2) 等待安装程序收集信息，如图 2-3 所示。

图 2-3 Visual Studio 2010 安装程序收集信息

(3) 阅读完许可条款后选择“我已阅读并接受许可条款(A)。”,单击“下一步”按钮,如图 2-4 所示。

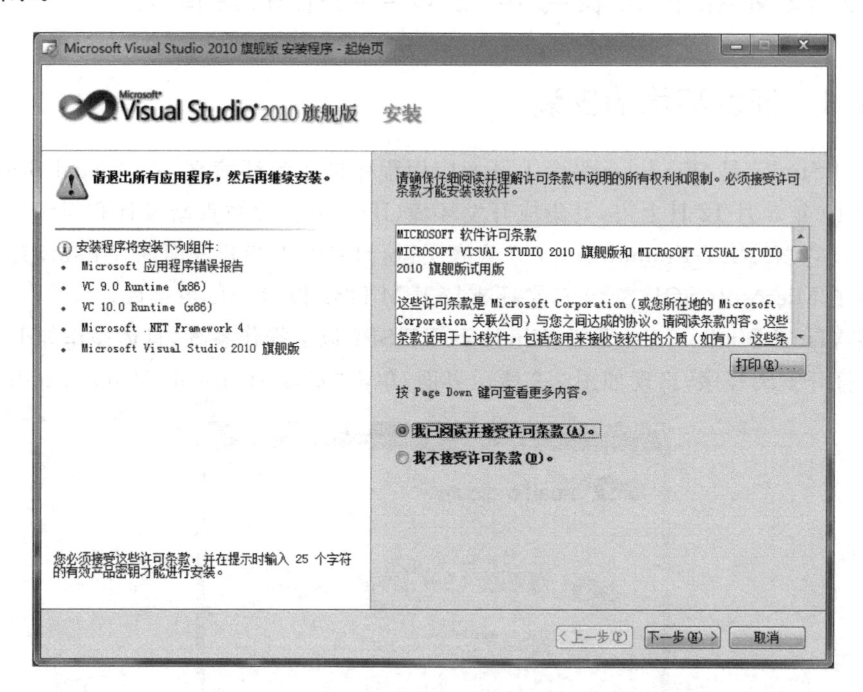

图 2-4　Visual Studio 2010 阅读安装协议

(4) 依据自己情况选择完全安装或者自定义安装,安装路径自己决定,单击“下一步”按钮,如图 2-5 所示。

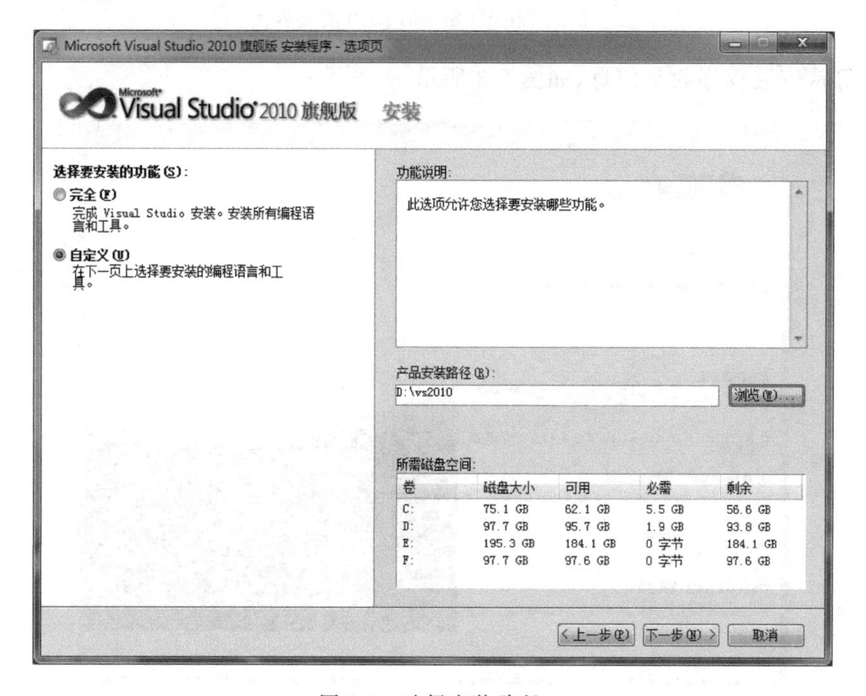

卷	磁盘大小	可用	必需	剩余
C:	75.1 GB	62.1 GB	5.5 GB	56.6 GB
D:	97.7 GB	95.7 GB	1.9 GB	93.8 GB
E:	195.3 GB	184.1 GB	0 字节	184.1 GB
F:	97.7 GB	97.6 GB	0 字节	97.6 GB

图 2-5　选择安装路径

(5) 选择安装的内容后，单击“安装”按钮，如图 2-6 所示。

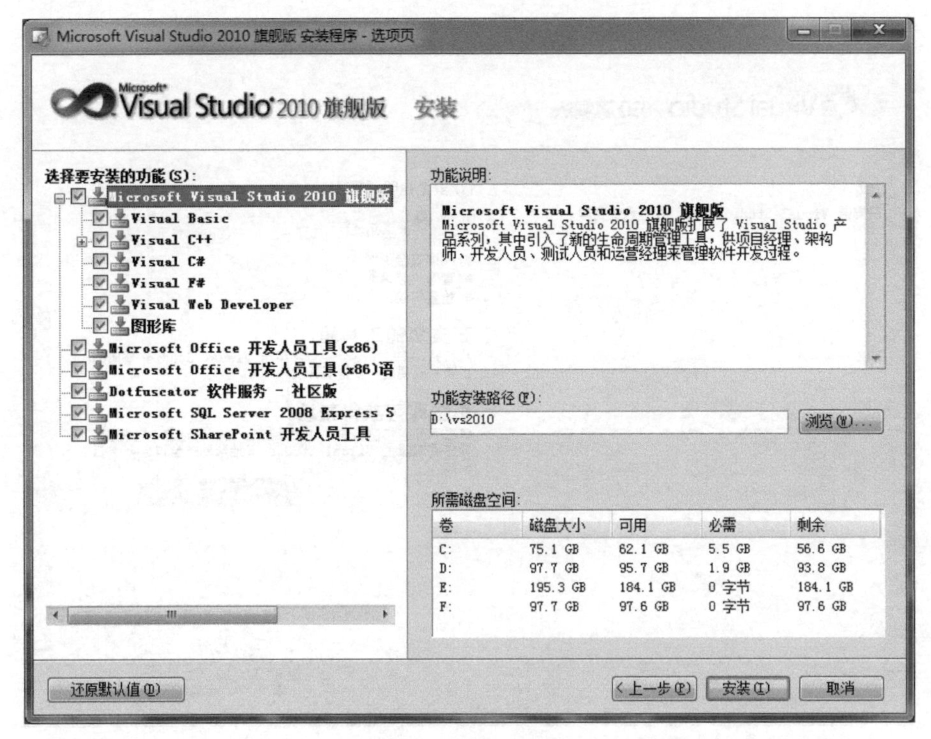

图 2-6　选择安装内容

(6) 耐心等待安装过程(注意：安装过程会有一两次重启)，如图 2-7 所示。

图 2-7　安装进度

(7) 安装完成,如图 2-8 所示。

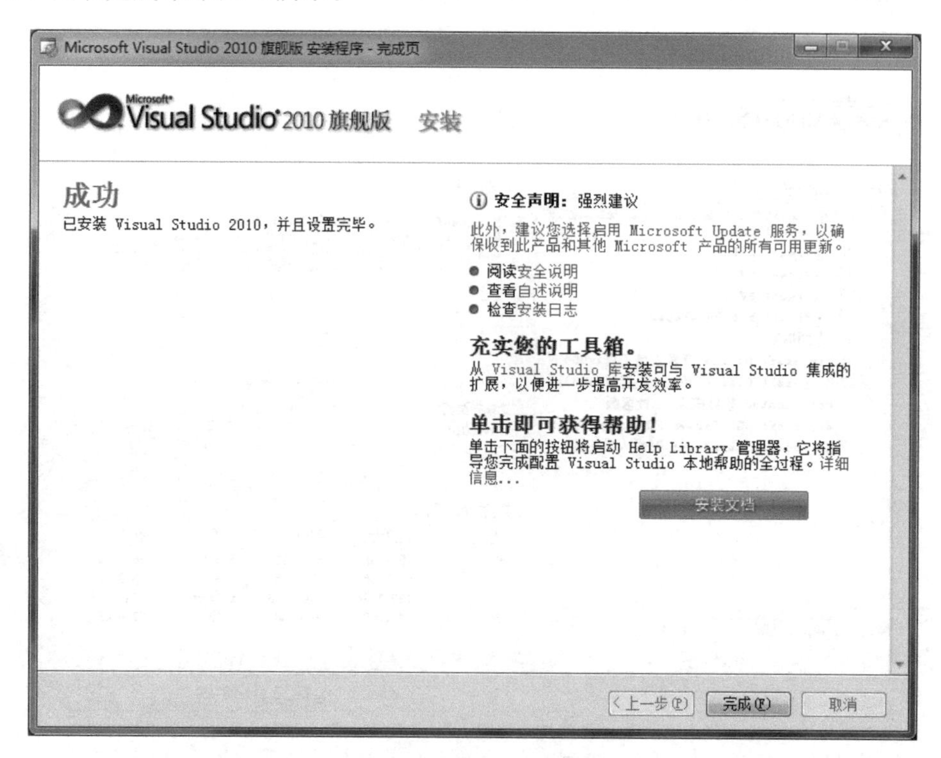

图 2-8　安装完成界面

2.2.2　C#网络编程简介

C#.NET 的命名空间 System.Net 和 System.Net.Sockets 包含丰富的类可以开发多种网络应用程序。例如,Dns 类提供简单的域名解析功能,可以创建和发送一个请求从 DNS 服务器获取一个主机服务器的信息;IPHostEntry 类提供 Internet 上主机的地址信息;Socket 类使每个套接字的实例都有一个本地和远程端点附在上面,本地的端点包括当前套接字实例的连接信息;IPAddress 类用于表示 IP 地址;而 IPEndPoint 类将网络端点表示为 IP 地址和端口号,它的对象表示 IP 地址和端口的组合。

C#.NET 除了提供网络编程的丰富的类外,还简化了网络编程流程,使得编程变得轻松简单。例如,我们并不需要了解同步、异步、阻塞和非阻塞的原理和工作机制,因为 C#.NET 把这些机制都封装好了。

2.3　C#.NET 网络程序开发基本类

C#.NET 的命名空间 System.Net 为 Internet 上使用的多种协议提供了便利的编程接口。开发人员利用这个命名空间提供的类编写符合标准网络协议的网络应用程序时,不需要考虑所用协议的具体细节,就能很快实现所需功能。

2.3.1 IPAddress 类

IPAddress 类提供了主机的 IP 地址及相关信息，包括 IP 回环地址 Loopback、IP 广播地址 Broadcast 以及对 IPv6 协议的支持。

IPAddress 类的默认构造函数如下：

```
public IPAddress(long address)
```

这个构造函数的参数取一个长值，并把它转换成 IP 地址。

表 2-1 列举了 IPAddress 类的常用公共方法。

表 2-1 IPAddress 类的常用公共方法

方法	说明
Equals	比较两个 IP 地址
GetAddressBytes	以字节数组形式提供 IPAddress 的副本
HostToNetworkOrder	将值由主机字节顺序转换为网络字节顺序
IsLoopBack	指示指定的 IP 地址是否是返回地址
NetworkToHostOrder	将数字由网络字节顺序转换为主机字节顺序
Parse	将标准表示法*的 IP 地址字符串转换为 IPAddress 实例
ToString	将 Internet 地址转换为标准表示法
TryParse	确定字符串是否是有效的 IP 地址

注：* IP 地址标准表示法对于 IPv4 使用点分十进制表示，对于 IPv6 使用冒号十六进制表示。

上面方法中常用 Parse()方法创建 IPAddress 实例，语法如下：

```
public static IPAddress Parse(string ipString)
```

而将 IP 地址转换成标准表示法的 ToString()方法的语法如下：

```
public override string ToString()
```

2.3.2 IPHostEntry 类

IPHostEntry 类将域名系统(DNS)主机名和别名与匹配的 IP 地址关联。它提供主机的 IP 地址(借助 IPAddress 类)、主机名及别名，其主要公共属性如表 2-2 所示。

表 2-2 IPHostEntry 类的属性

属性名称	类型	说明
AddressList	IPAddress[]	与主机关联的 IP 地址列表
Aliases	String[]	与主机关联的别名列表，一组字符串
HostName	String	主机的 DNS 名称

2.3.3 IPEndPoint 类

IPEndPoint 类将网络端点表示为 IP 地址和端口号，其对象表示指定 IP 地址和端口号的组合，进而形成到主机的连接点。有两个构造函数：

```
public IPEndPoint(long IPAddress, int port);
public IPEndPoint(IPAddress address, int port);
```

这个类包含 3 个属性,如表 2-3 所示。

表 2-3 IPEndPoint 类属性

属　性	类　型	说　明
Address	IPAddress	得到或设置 IP 地址属性
AddressFamily	AddressFamily	得到 IP 地址系列
Port	int	得到或设置 TCP/UDP 端口号

2.3.4 Dns 类

Dns 类是一个静态类,提供一系列静态方法来获取本地或远程域名,最常用的有以下几种。

(1) GetHostName():获取本地系统的主机名。用法如下:

```
string hostname = DNS.GetHostName();
```

(2) GetHostByName():获取指定 DNS 主机名的主机信息。用法如下:

```
IPHostEntry ipHost = GetHostByName("www.cqut.edu.cn");
```

(3) GetHostByAddress():通过 IP 地址获取指定主机名的主机信息。用法如下:

```
IPHostEntry GetHostByAddress(IPAddress address);
IPHostEntry GetHostByAddress(string address);
```

(4) Resole():接收主机格式或 IP 地址格式的任一种地址格式,返回 IPHostEntry 对象的 DNS 信息。

【例 2-1】 编程实现获取并显示本机的 IP 地址、主机名信息。演示 IPEndPoint 类的方法及属性使用。

```
using System.Net;
namespace IPandPorts
{
    class Program
    {
        static void Main(string[] args)
        {
            //获得本机局域网所有 IP 地址
            IPAddress[] addr = Dns.GetHostByName(Dns.GetHostName()).AddressList;
            foreach (IPAddress ip in addr)
                Console.WriteLine("本机 IP 地址为: " + ip.ToString());
            //获得本机主机名
            Console.WriteLine("本机主机名为: " + Dns.GetHostEntry(addr[0]).HostName);
            //创建本机端口
            IPAddress localIp = IPAddress.Parse("127.0.0.1");
            IPEndPoint iep = new IPEndPoint(localIp, 80);
```

```
            Console.WriteLine("IP 端点: " + iep.ToString());
            Console.WriteLine("IP 端口: " + iep.Port);
            Console.WriteLine("IP 地址族: " + iep.AddressFamily);
            Console.WriteLine("可分配端口最大值: " + IPEndPoint.MaxPort);
            Console.WriteLine("可分配端口最小值: " + IPEndPoint.MinPort);
            Console.ReadLine();
        }
    }
}
```

程序运行结果如图 2-9 所示。

```
本机IP地址为: 192.168.1.103
本机主机名为: mobile-fyj
IP端点: 127.0.0.1:80
IP端口: 80
IP地址族: InterNetwork
可分配端口最大值: 65535
可分配端口最小值: 0
```

图 2-9 IPandPorts 程序运行结果

2.3.5 Ping 及相关类

Windows 操作系统提供了 Ping. exe 的命令行程序,大家经常用它来测试网络连接情况,以及确定本地主机能否与远程主机收发数据。与此对应,C# 的命名空间 System. Net. NetworkInformation 提供了与 Ping 有关的 Ping、PingOptions 和 PingReply 类。

Ping 类可以检测远程计算机,它通过向目标主机发送一个回送请求数据包,要求目标主机收到请求后答复,从而判断网络响应时间和本机与目标主机是否连通。Ping 类提供同步和异步两种方式发送数据,提供的 Send()方法以同步方式向目标发送请求,并返回一个 PingReply 实例; 若是异步,则使用 SendAsync 方法。具体使用方法见 MSDN 文档。

PingOptions 类提供 Ttl 和 DontFragment 属性控制 Ping 数据包的传输。Ttl 属性为 Ping 数据包指定生存时间,表示在丢弃 Ping 数据包前可以转发此数据包的路由节点数,默认值为 128。DontFragment 属性控制 Ping 类数据包是否分片,如果为 true 则不能分片。不能分片的情况下如果发送数据包超过 MTU,则发送失败。

Ping 类的 Send 方法将返回一个 PingReply 类对象,用于获得目的主机及其网络信息。PingReply 类的常用属性如表 2-4 所示。

表 2-4 PingReply 类常用属性

名 称	说 明
Address	获取发送回复的主机地址
Status	获取回复状态,该值为 IPStatus 枚举类型。如果值为 IPStatus. Success,则代表 Send 方法执行成功
RoundtripTime	获取发送消息并得到答复的往返时间
Buffer	发送消息的数据缓冲区
Options	如果 Status 为 success,则为一个 PingOptions 对象,否则为 null

【例 2-2】 编程实现用 Ping、PingOptions 和 PingReply 类测试目标主机是否可以

到达。

```
using System.Net;
using System.Net.NetworkInformation;
namespace PingHost
{
    class Program
    {
        static void Main(string[ ] args)
        {
            Ping pingSender = new Ping();
            PingOptions options = new PingOptions();
            options.DontFragment = true;

            //data 为要发送的数据
            string data = "aaaaaaaaaaaaaa";
            byte[ ] buffer = Encoding.ASCII.GetBytes(data);
            int timeout = 120;
            //ping 网络 IP 地址为 192.168.1.103 的主机
            PingReply reply = pingSender.Send("192.168.1.103", timeout, buffer, options);
            if (reply.Status == IPStatus.Success)
            {
                Console.WriteLine("Address: {0}", reply.Address.ToString());
                Console.WriteLine("RoundTrip time: {0}", reply.RoundtripTime);
                Console.WriteLine("Time to live: {0}", reply.Options.Ttl);
                Console.WriteLine("Don't fragment: {0}", reply.Options.DontFragment);
                Console.WriteLine("Buffer size: {0}", reply.Buffer.Length);
            }
            else
                Console.WriteLine("目标主机 Ping 失败");
            Console.ReadLine();
        }
    }
}
```

程序运行结果如图 2-10 所示。

```
Address: 192.168.1.103
RoundTrip time: 0
Time to live: 64
Don't fragment: True
Buffer size: 14
```

图 2-10 PingHost 程序运行结果

2.4 C#套接字与网络流

2.4.1 Socket 类

套接字是支持 TCP/IP 网络通信的基本操作单元。在一个套接字既保存了本机的 IP 地址和端口，也保存了对方主机的 IP 地址和端口，同时还有双方通信的协议信息。C# 的命名空间 System.Net.Sockets 提供了 Socket 类。一个 Socket 实例包含一个本地或者一个远程的套接字信息。

Socket 可以像流(Stream)一样被视为数据通道,这个通道存在于服务器和客户端之间。数据的发送和接收均通过这个通道进行。所以在应用程序创建 Socket 对象后,就可以用 Send/SendTo 方法将数据发送到连接的 Socket 中,或者使用 Receive/ReceiveFrom 方法接收连接的 Socket 数据。图 2-11 显示了客户机(Client)和服务器(Server)进行通信的一般过程。

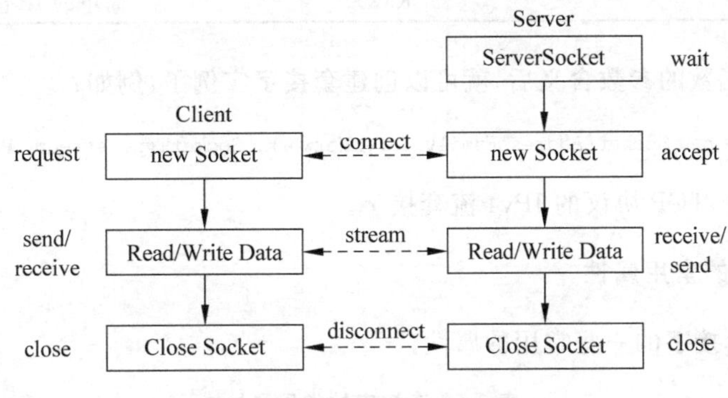

图 2-11　Socket 通信模型

Socket 类为网络通信程序提供了丰富的方法和属性。System. Net. Sockets 命名空间中常用的 TcpClient 类、TcpListener 类和 UdpClient 类都是以该类为基础的。

2.4.2　套接字的类型与使用方法

1. Socket 类的类型

套接字有 3 种不同类型:流套接字、数据报套接字和原始套接字。

(1) 流套接字用来实现 TCP 通信,提供了面向连接的、可靠的、数据无错且无重复的数据传输服务,并且发送和接收的数据的顺序是相同的。

(2) 数据报套接字用来实现 UDP 通信,提供了面向无连接的服务,它以独立的数据报形式发送数据(数据包的长度不能大于 32KB),不提供正确性检查,也不保证各数据包的发送和接收顺序,所以可能会出现数据重发、丢失等情况。

(3) 原始套接字用来实现 IP 数据包通信,用于直接访问协议的较低层,常用于侦听及分析数据包,广泛应用于高级网络编程,也是一种经常使用的黑客手段。

这 3 种类型的套接字均可以使用 System. Net. Sockets 命名空间中的 Socket 类来实现。Socket 的构造函数为:

```
public Socket(AddressFamily addressFamily, SocketType socketType,ProtocolType protocolType);
```

各参数的含义如下。

① addressFamily:指网络类型,使用 AddressFamily 枚举指定 Socket 使用的寻址方案,常见的有 AddressFamily. InterNetwork(表示 IPv4 的地址)和 AddressFamily. InterNetmorkV6(表示 IPv6 的地址)。

② socketType 和 protocolType:这两个枚举类型的参数必须对应,共同指明 Socket 使用哪种协议的哪种套接字。表 2-5 列出这两个参数的组合。

表 2-5　套接字类型与协议对应关系

socketType	protocolType	说　　明
Dgram	Udp	无连接通信
Stream	Tcp	面向连接的通信
Raw	Icmp	Internet 控制报文协议
Raw	Raw	简单的 IP 包通信

了解了构造函数的参数含义后，就可以创建套接字实例了，例如：

```
Socket socket = new Socket(AddressFamily.InterNetwork, SocketType.stream, ProtocolType.Tcp)
```

表示创建基于 TCP 协议的 IPv4 流套接字。

2. Socket 类的常用属性

表 2-6 列出套接字的一些常用的属性。

表 2-6　套接字的常用属性

名　　称	说　　明
AddressFamily	指定 Socket 类的实例使用的寻址方案
Available	从网络中获取准备读取的数据数量
Blocking	获取或设置套接字是否处于阻塞状态
Connected	获取一个值表示套接字是否与最后完成发送或接收操作的远程设备得到连接
LocalEndPoint	获取套接字的本地 EndPoint 对象
ProtocolType	获取套接字的协议类型
RemoteEndPoint	获取套接字的远程 EndPoint 对象
SocketType	获取套接字的类型

3. Socket 类的常用方法

1) void Connect(IPEndPoint remoteIcp)

该方法客户机独有，通过远程设备的套接字建立与远程设备的连接。

2) int Send()/int Receive()

这两个方法在完成客户端的连接后，将数据发送到连接到的 Socket 上以及将数据从连接的 Socket 接收到缓冲区的指定位置。当 Receive 方法没有可读的数据时，将一直处于阻止状态。

3) void Bind(IPEndPoint localIcp)

该方法对应服务器程序而言，使用 Socket 与本地 IP 地址和端口号关联。

4) void Listen(int backlog)

该方法用于等待客户端发出连接请求，其中的 backlog 为用户的最大连接数，超过该参数值的其他客户不能与服务器进一步通信。

5) Socket Accept()

该方法创建新的 Socket 以处理连接请求。当程序执行到该方法时会处于阻塞状态，直到有新的客户机请求连接。该方法返回包含客户端信息的套接字句柄。

6) void ShutDown()

该方法在通信完成后负责将连接释放,并关闭 socket 对象。表 2-7 列出了 ShutDown 方法可以使用的值。

表 2-7　Socket.ShutDown 值

名　　称	说　　明
SocketShutdown.Receive	防止在套接字上接收数据,如果收到额外数据,将发出一个 RST 信号
SocketShutdown.Send	防止在套接字上发送数据,在所有存留在缓冲区中的数据发送之后,发出一个 FIN 信号
SocketShutdown.Both	在套接字上既停止发送也停止接收

7) void Close()

该方法关闭远程主机连接,并释放所有与 Socket 关联的资源。关闭后,Connected 属性将设置为 false。对于面向连接的协议,先调用 Shutdown 方法,再调用 Close 方法,以确保在已连接的套接字关闭之前,已发送和接收该套接字上的所有数据。

4. 面向连接的套接字

面向连接的套接字使用 TCP 建立两个 IP 地址端点间的通信。根据连接启动的方式及本地 Socket 要连接的目标,套接字间的连接包括服务器监听、客户端请求、连接确认 3 个步骤。建立连接后的套接字双方可以进行数据传输。其编程步骤如图 2-12 所示。

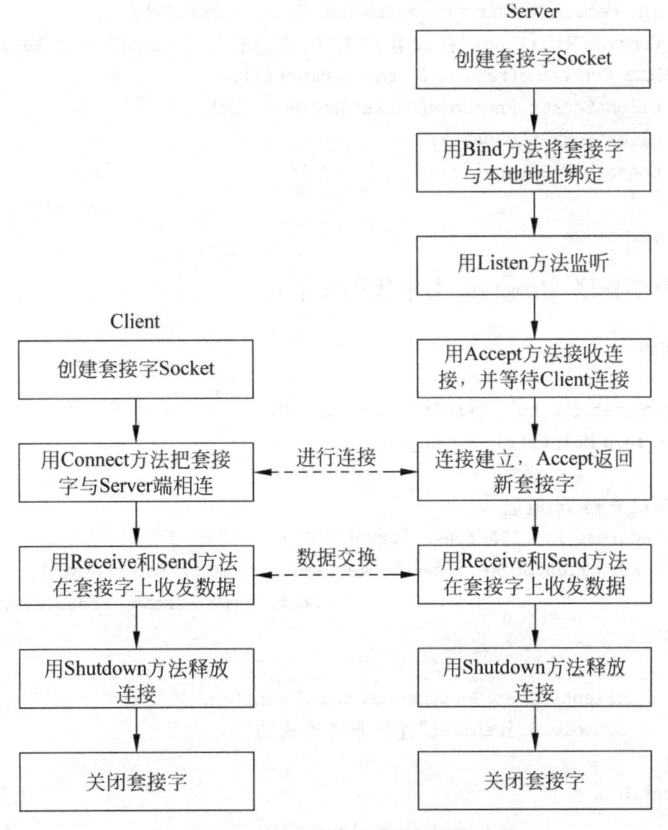

图 2-12　面向连接的套接字编程流程

【例 2-3】 编写控制台程序,利用同步的面向连接 Socket 实现客户端和服务器的消息通信。

(1) 编写服务器端程序,Program 类中代码如下:

```
class Program
{
      private static byte[ ] result = new Byte[1024];
      private static int myprot = 8012;
      static Socket serverSocket;
      static void Main(string[ ] args)
      {
            //服务器 IP 地址
            IPAddress ip = IPAddress.Parse("127.0.0.1");
            serverSocket = new Socket(AddressFamily.InterNetwork, SocketType.Stream,
                                    ProtocolType.Tcp);
            serverSocket.Bind(new IPEndPoint(ip, myprot));
            serverSocket.Listen(10);
            Console.WriteLine("启动监听{0}", serverSocket.LocalEndPoint. ToString ());
            //通过 clientSocket 发送数据
            string sendMessage = "server send Message Hello";
            Socket chientsockent = serverSocket.Accept();
            clientSocket.Send(Encoding.ASCII.GetBytes(sendMessage));
            Console.WriteLine("向客户端发送消息:{0}", sendMessage);
            //通过 clientSocket 接收数据
            int receiveNumber = clientSocket.Receive(result);
            Console.WriteLine("接收客户端{0}消息{1}", clientSocket.RemoteEndPoint.ToString
(), Encoding.ASCII.GetString(result, 0, receiveNumber));
            clientSocket.Shutdown(SocketShutdown.Both);
            clientSocket.Close();
            Console.ReadLine();
      }
  }
```

(2) 编写客户端程序,Program 类中代码如下:

```
class Program
{
      private static byte[ ] result = new Byte[1024];
      static void Main(string[ ] args)
      {
           //服务器 IP 地址
           IPAddress ip = IPAddress.Parse("127.0.0.1");
           Socket clientSocket = new Socket(AddressFamily.InterNetwork,
                                        SocketType.Stream, ProtocolType.Tcp);
           try
           {
               clientSocket.Connect(new IPEndPoint(ip, 8012));
               Console.WriteLine("连接服务器成功");
           }
           catch
           {
```

```
                Console.WriteLine("连接服务器失败,请按回车键退出");
                return;
            }
            //通过 clientSocket 接收数据
            int receiveLength = clientSocket.Receive(result);
            Console.WriteLine("接收服务器消息: {0}", Encoding.ASCII.GetString(result, 0,
receiveLength));
            // 通过 clientSocket 发送数据
            string sendMessage = "client send Message Hello";
            clientSocket.Send(Encoding.ASCII.GetBytes(sendMessage));
            Console.WriteLine("向服务器发送消息:{0}", sendMessage);
            clientSocket.Shutdown(SocketShutdown.Both);
            clientSocket.Close();
            Console.ReadLine();
        }
    }
```

5. 无连接的套接字

无连接的套接字使用 UDP 协议,不需要像面向连接的套接字那样发送连接信息,即没有使用 Connect 方法进行连接的步骤,发送进程直接使用 SendTo 方法进行数据发送;但是如果一个进程是等待远程设备的信息,则套接字必须用 Bind 方法绑定到一个本地"IP 地址/端口"上,完成绑定后才能使用 ReceiveFrom 方法接收数据。其编程步骤如图 2-13 所示。

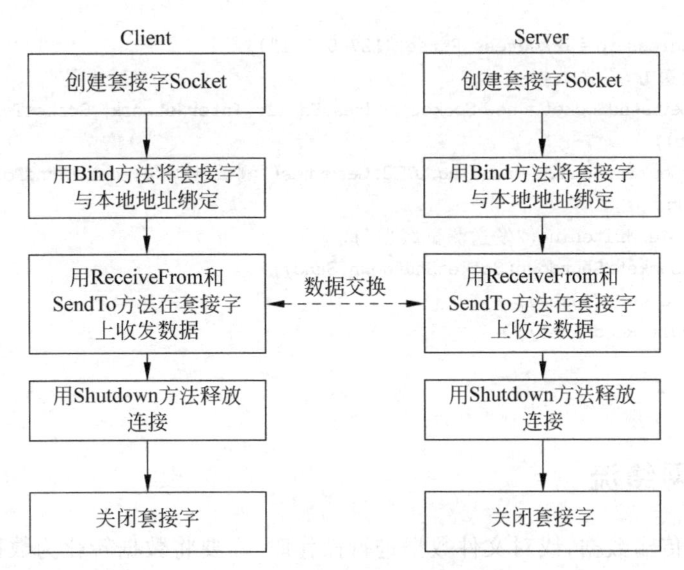

图 2-13 无连接的套接字编程流程

【例 2-4】 编写控制台程序,利用无连接 Socket 实现接收方和发送方的消息通信。

(1) 编写接收方程序,Program 类中代码如下:

```
class Program
{
```

```
    private static int receivePort = 8012;
    static void Main(string[] args)
    {
        IPAddress ip = IPAddress.Parse("127.0.0.1");
        //接收准备
        Socket receiveSocket = new Socket(AddressFamily.InterNetwork, SocketType.Dgram, Prot
ocolType.Udp);
        receiveSocket.Bind(new IPEndPoint(ip, receivePort));
        //接收数据
        byte[] result = new Byte[1024];
        EndPoint senderRemote = (EndPoint)(new IPEndPoint(IPAddress.Any, 0));
        //引用类型参数为 EndPoint 类型,用于存放发送方的 IP 地址和端点
        int length = receiveSocket.ReceiveFrom(result, ref senderRemote);
        Console.WriteLine("接收到{0}消息: {1}", senderRemote.ToString(), Encoding.UTF8.
GetString(result, 0, length).Trim());
        receiveSocket.Shutdown(SocketShutdown.Receive);
        Console.ReadLine();
    }
}
```

(2) 编写发送方程序,Program 类中代码如下:

```
class Program
{
    private static int remoteReceivePort = 8012;
    static void Main(string[] args)
    {
        IPAddress ip = IPAddress.Parse("127.0.0.1");
        //发送方:发送数据
        Socket sendSocket = new Socket(AddressFamily.InterNetwork, SocketType.Dgram, Pro
tocolType.Udp);
        sendSocket.SendTo(Encoding.UTF8.GetBytes("测试数据"), new IPEndPoint (ip, remote
ReceivePort));
        Console.WriteLine("发送测试数据");
        sendSocket.Shutdown(SocketShutdown.Send);
        sendSocket.Close();
        Console.ReadLine();
    }
}
```

2.4.3 网络流

当通过网络传输数据,或对文件数据进行操作时,需要将数据转化为数据流的形式。数据流(stream)是对串行传输的数据(以字节为单位)的一种抽象表示,数据源可以是文件、外部设备、主存、网络套接字等。数据流分为文件流、内存流和网络流。网络流用于在网络上传输数据。使用网络流时,数据在网络的各个位置之间以连续的字节形式传输。为了处理这种网络流,C#在 System.Net.Sockets 命名空间中提供了 NetworkStream 类用于收发网络数据。

NetworkStream 类相当于在网络数据的源端和目的端之间架起了一个数据桥梁,使得

读取和写入数据只针对这个通道进行。但 NetworkStream 类只支持面向连接的套接字。

对于 NetworkStream 流，写入操作是从源端内存缓冲区到网络上的数据传输，读取操作是从网络上到目的端内存缓冲区的数据传输，如图 2-14 所示。

图 2-14 NetworkStream 流的数据传输

表 2-8 列出了 NetworkStream 类的常用属性和方法。

表 2-8 NetworkStream 类的常用属性和方法

类 型	名 称	说 明
属性	CanRead	指示 NetworkStream 是否支持读操作
	CanWrite	指示 NetworkStream 是否支持写操作
	DataAvailable	指示 NetworkStream 上是否有有用的数据，有则为真
	Readable	指示 NetworkStream 流是否可读
	Writeable	指示 NetworkStream 流是否可写
方法	Read	从 NetworkStream 流中读取数据
	Write	向 NetworkStream 流中写入数据
	Close	关闭 NetworkStream 对象
	BeginRead	从 NetworkStream 流开始异步读取
	BeginWrite	开始向 NetworkStream 流异步写入
	EndRead	结束对一个 NetworkStream 流的异步读取
	EndWrite	结束对一个 NetworkStream 流的异步写入
	Dispose	释放 NetworkStream 占用的资源

下面介绍如何使用 NetworkStream 收发网络数据。

1. 获取 NetworkStream 实例

在构造一个 NetworkStream 实例后，就可以用它来收发网络数据。

(1) 利用 TcpClient 获取网络流对象。例如：

```
TcpClient tcpClient = new TcpClient();
tcpClient.Connect("www.cqut.edu.cn",5188);
NetworkStream myNteworkStream = tcpClient.GetStream();
```

(2) 利用 Socket 获取网络流对象。例如：

```
NetworkStream myNetworkStream = new NetworkStream(mySocket); //mySocket 为获取的 Socket 对象
```

2. 利用 NetworkStream 实例收发数据

图 2-15 显示了利用网络流收发数据的流程。其中，Write 方法负责将字节数组从进程缓冲区发送到本机的 TCP 发送缓冲区，然后 TCP/IP 协议栈再通过网络适配器将数据真正发送到网络上，最终到达接收方的 TCP 接收缓冲区。

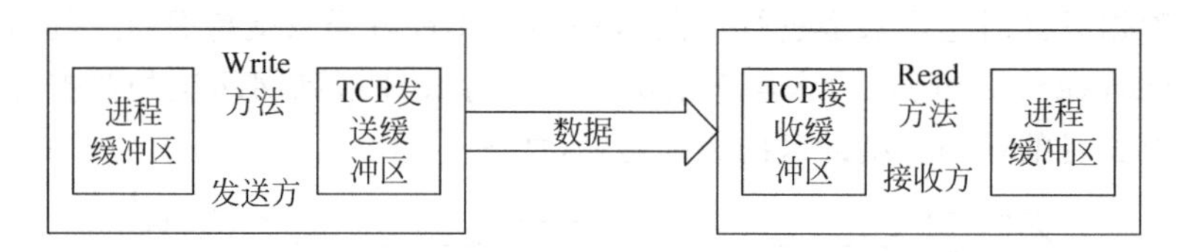

图 2-15　NetworkStream 流收发数据的流程

由于 Write 方法为同步方法，所以在发送成功或者返回异常前都将处于阻塞状态，直到发送成功或者返回异常。

下面的代码给出使用 NetworkStream 发送数据的一个示例。

```
if (myNetworkStream.Canwrite)
{
    byte[ ] myWriteBuffer = Encoding.ASCII.GetBytes("Are you receiving this message?");
    myNetworkStream.Write(myWriteBuffer,0,myWriteBuffer.Length);
}
else
    Console.WriteLine("Sorry.You cannot write to this NetworkStream.");
```

接收方通过调用 Read 方法将数据从接收缓冲区读入到进程缓冲区，完成读取操作。

下面的代码给出使用 NetworkStream 读取数据的一个示例。

```
if(myNetworkStream.CanRead)
{
    byte[ ] myReadBuffer = new byte[1024];
    String myCompleteMessage = "";
    int numberOfBytesRead = 0;
    //准备接收的信息有可能大于 1024,所以用循环
    do{
     numberOfBytesRead = myNetworkStream.Read(myReadBuffer,0,myReadBuffer.Length);
     myCompleteMessage = String.Concat(myCompleteMessage,Encoding.ASCII.GetString (myReadBuffer,
0, numberOfBytesRead));
     }while(myNetworkStream.DataAvailable);
}
```

使用 NetworkStream 实例时，需要注意以下几点：

(1) 通过 DataAvailable 属性，可以查看在缓冲区中是否有数据等待读出。

(2) 网络流没有当前位置的概念，因此它不支持对数据流的查找和随机访问。

(3) 网络数据传输完成后，必须用 Close 方法关闭 NetworkStream 实例。

2.4.4　网络数据编码与解码

在网络通信中，很多时候通信双方传达的是字符信息。但是字符信息不能直接在网络中传递，而是需要转换成一个字节序列后才能在网络中传输。将字符序列转换为字节序列的过程称为编码；反之即为解码。

1. 常见字符编码方式

常见的字符编码方式有以下 3 种:

1) ASCII 字符集

ASCII 字符集是美国信息交换标准委员会(American Standards Committee for Information Interchange)的缩写,在 20 世纪 80 年代由美国英语通信所设计。每个 ASCII 码由 7 位构成,整个 ASCII 字符集由 128 个字符组成,包括大小写字母、数字 0～9、标点符号、非打印字符(换行符、制表符等 4 个)以及控制字符(退格、响铃等)。

2) 非 ASCII 字符集

由于 ASCII 字符针对英语设计,当处理汉字等其他字符时,这种编码就不适用了。为解决这个问题,不同国家制订了自己的编码标准。我国一般使用国标码,常用的有 GB 2312 和 GB 18030—2000 编码,其中,GB 18030 编码汉字更多,是我国计算机系统必须遵循的基础性编码标准之一。

在 GB 2312 编码中,汉字都采用双字节编码。为了与系统中基本的 ASCII 字符集区分开,所有汉字编码的每个字节的第一位都是 1。例如,"啊"字的编码为 0xB0A1。GB 18030 是对 GB 2312 的扩展,其编码长度由 2 个字节变为 1～4 个字节。

3) Unicode 字符集

由于每个国家都有自己的编码方式,要想打开一个文本文件,就必须知道其编码方式,否则就会出现乱码。为了让国际信息交流更加方便,国际组织制定了 Unicode 字符集。它为各种语言中的每一个字符规定了统一且唯一的字符,并且只需要两个字节,便可以表示地球上绝大部分地区的文字。

C# 的默认字符都是 Unicode 码,一个英文字母和一个汉字一样,都占两个字节。Unicode 码虽然能够表示大部分国家的文字,但是其占有空间比 ASCII 码大一倍,这对于能用 ASCII 码表示的字符显得有些浪费。因此,又出现了一些中间格式的字符集,它们被称为通用转换格式,即 UTF(Universal Transformation Format)。目前比较流行的是 UTF-8、UTF-16、UTF-32。

UTF-8 是 Internet 上使用最广泛的一种 UTF 格式。它是 Unicode 的一种变长字符编码,一般用 1～4 个字节编码一个 Unicode 字符,即将一个 Unicode 字符编为 1～4 个字节组成的 UTF-8 格式,根据不同的符号变化字节长度。UTF-8 是与字节顺序无关的,它的字节顺序在所有系统中都是一样的,故此种编码可以使排序变得容易。

UTF-16 将每个码位表示为一个由 1～2 个 16 位整数组成的序列。

UTF-32 将每个码位表示为一个 32 位整数。

2. C# 中的编码与解码类

1) Encoding 类

Encoding 类位于 System.Text 命名空间中,主要用于在不同的编码和 Unicode 之间进行转换。表 2-9 中列出了 Encoding 类常见的属性和方法。

表 2-9 Encoding 类常见的属性和方法

名称		说明
属性	Default	获取系统当前 ANSI 代码页的编码
	Unicode	获取使用 Little-Endian 字节顺序的 UTF-16 格式的编码
	UTF-8	获取 UTF-8 格式的编码
	UTF-32	获取使用 Little-Endian 字节顺序的 UTF-32 格式的编码
	ASCII	获取 ASCII(7 位)字符集的编码
方法	Convert	将字节数组从一种编码转换为另一种编码
	GetBytes	将一组字符编码为一个字节序列
	GetString	将一个字节序列解码为一个字符串
	GetEncoder	获取一个编码器,该编码器将 Unicode 字符序列转换为已编码的字节序列
	GetDecoder	获取一个解码器,该解码器将已编码的字节序列转换为字符序列
	GetEncoding	返回指定格式的编码

利用 Encoding 类的 Convert 方法可将字节数组从一种编码转换为另一种编码。方法原型为:

```
Public static byte[ ] Convert(Encoding srcEncoding, Encoding dstEncoding,byte[ ] bytes)
```

各参数含义如下。

srcEncoding:表示源编码格式。

dstEncoding:表示目标编码格式。

Bytes:待转换的字节数组。

返回值为包含转换结果的 Byte 类型的数组。

将 Unicode 字符串转换为 UTF8 字符串时,可以参考以下步骤。

(1) 利用 Encoding 的 UTF8 和 Unicode 属性获取 UTF8 格式的编码实例 utf8 和 Unicode 编码实例 unicode,例如:

```
string unicodeString = "unicode 字符串 pi(\u03a0)";
Encoding Unicode = Encoding.Unicode;
Encoding utf8 = Ecoding.UTF8;
```

(2) 利用 unicode 实例的 GetBytes 方法将 Unicode 字符编码为 Unicode 字节数组:

```
byte[ ] unicodeBytes = unicode.GetBytes(unicodeString);
```

(3) 利用 Encoding 的 Convert 方法将 Unicode 字节数组转换为 UTF8 字节数组:

```
byte[ ] utf8Bytes = Encoding.Convet(Encoding.Unicode,Encoding.UTF8,unicodeBytes);
```

(4) 最后利用实例 utf8 的 GetString 方法将 UTF8 字节数组解码为 UTF8 字符串:

```
string utf8String = utf8.GetString(utf8Bytes);
```

2) Encoder 类和 Decoder 类

在网络传输和文件操作中,如果数据量比较大,需要将其划分为较小的块。对于跨块传输的情况,直接使用 Encoding 类的 GetBytes 方法编写程序比较麻烦,而 Encoder 和

Decoder 由于维护了数据块结尾信息，则可以轻松地实现跨块字符序列的正确编码和解码，因此它们在网络传输和文件操作中很有用。

Encoder 和 Decoder 类位于 System.Text 命名空间下，Encoder 可以将一组字符串转换为一个字节序列，而 Decoder 则将已编码的字节序列解码为字符序列。Encoder 编码的步骤为：

(1) 获取 Encoder 实例。利用它对字符编码首先要获取 Encoder 类的实例，由于 Encoder 的构造函数为 protected，不能直接创建该类的实例，必须通过 Encoding 提供的 GetEncoder 方法创建实例，例如：

```
//获取 ASCII 编码的 Encoder 实例
Encoder ASCiiEncoder = Encoding.ASCII.GetEncoder();
//获取 Unicode 编码的 Encoder 实例
Encoder unicodeEncoder = Encoding.Unicode.GetEncoder();
```

(2) GetBytes 方法。获取 Encoder 实例后，利用它的 GetBytes 方法将一组字符编码转换为字节序列。

方法原型：

```
public virtual int GetBytes(
    char[] chars,                //要编码的字符数组
    charIndex,                   //第一个要编码的字符索引
    int charCount,               //要编码的字符的数目
    byte[] bytes,                //存储编码后的字节序列
    int byteIndex,               //开始写入所生产的字节序列的索引位置
    bool flush                   //是否在转换后清楚编码器的内部状态
)
```

该方法将编码后的字节数组存储在参数 bytes 中，返回结果为写入 bytes 的实际字节数。如果设置 flush 为 false，则编码器会将数据块末尾的尾部字节存储在内部缓冲区中，为下次编码操作中使用这些字节做准备。

(3) GetByteCount 方法。该方法计算对字符序列进行编码后所产生的精确字节数，以确定 GetBytes 方法中 byte 类型数组实例的长度。

方法原型：

```
punlic abstract int GetByteCount(
    char[] chars,                //要编码的字符集的字符数组
    int index,                   //第一个要编码的字符索引
    int count,                   //要编码的字符的数目
    bool flush                   //是否在转换后清楚编码器的内部状态
)
```

Decoder 类解码的步骤为：首先通过 Encoding 的 GetDecoder 方法创建 Decoder 实例，然后用实例的 GetChars 方法将字节序列解码为一组字符。

GetChars 方法用于将一个字节序列解码为一组字符，并从指定的索引位置开始存储这组字符。

方法原型：

```
punlic abstract int GetChars(
    byte[ ] bytes,                  //要解码的字符序列的字符数组
    int byteIndex,                  //第一个要解码的字节的索引
    int byteCount,                  //要解码的字符的数目
    char[ ] chars,                  //包含所生产的字符集的字符数组
    int charIndex                   //开始写入所生产的字符集的字节数组的索引位置
)
```

该方法返回 chars 写入的实际字符数。

【例 2-5】 利用 Encoder 和 Decoder 类实现编码和解码。

```
static void Main(string[ ] args)
 {
    //Encoder
    string test = "ABCDE1234 测试";
    Console.WriteLine("The test of string is {0}", test);
    Encoding encoding = Encoding.UTF8;
    char[ ] source = test.ToCharArray();
    int strLength = test.Length;
    int len = encoding.GetEncoder().GetByteCount(source, 0, strLength, false);
    byte[ ] result = new byte[len];
    encoding.GetEncoder().GetBytes(source, 0, strLength, result, 0, false);
    Console.WriteLine("After Encoder,the byte of test is output below.");
    foreach (byte b in result)
    {
       Console.Write("{0:X} - ", b);
    }
    Console.WriteLine();
    //Decoder
    Console.Write("After Decoder,the string is ");
    int deslen = encoding.GetDecoder().GetCharCount(result, 0, result.Length);

    char[ ] des = new char[deslen];
    encoding.GetDecoder().GetChars(result, 0, result.Length, des, 0);
    foreach (char c in des)
    {
       Console.Write("{0}", c);
    }
    Console.WriteLine("\n");
}
```

程序运行结果如图 2-16 所示。

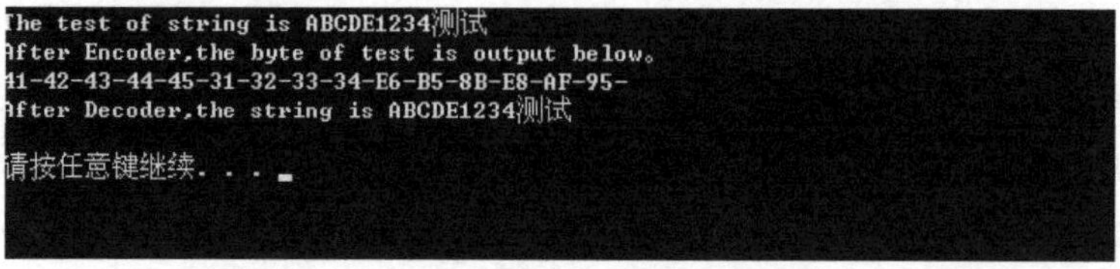

```
The test of string is ABCDE1234测试
After Encoder,the byte of test is output below。
41-42-43-44-45-31-32-33-34-E6-B5-8B-E8-AF-95-
After Decoder,the string is ABCDE1234测试

请按任意键继续. . .
```

图 2-16　编码与解码程序运行结果

2.5　多线程技术

2.5.1　多线程概述

在网络编程中创建的应用程序经常涉及一个或者多个线程,因此,对于每个程序员来讲,线程(Thread)是必须掌握的知识。线程是操作系统分配处理器时间的基本单元,是系统中可以并行执行的程序段,拥有起点、执行的顺序系列和一个终点。一个或多个线程组成一个进程。每个应用程序用单个线程启动,但在该应用程序域中的代码可以创建附加线程。

在多线程程序运行过程中,线程主要负责维护自己的堆栈,这些堆栈用于异常处理、优先级调度和其他一些执行程序重新恢复线程时需要的信息。同一进程中的线程可以共享此进程的资源和内存空间。

在多线程应用程序中可以同时执行多个操作。当一个线程必须阻塞时,CPU 可以运行其他线程而不是等待。这样可以大幅提高程序的效率。例如,在浏览器中下载图像时,可以滚动页面,在访问新的页面时播放动画、声音及打印文件等。

2.5.2　多线程的创建与使用

C# 的 System. Threading 命名空间提供了大量的类和接口来支持多线程编程。其中,Thread 类用于对线程进行管理,包括线程的创建、启动、终止、合并以及休眠等。Thread 类的常用属性和方法如表 2-10 所示。

表 2-10　Thread 类的常用属性和方法

名称		说明
属性	IsAlive	指示当前线程的执行状态,如果已启动且未正常终止,则为 true,否则为 false
	IsBackground	如果线程为后台线程或即将为后台线程,则为 true,否则为 false
	IsThreadPoolThread	如果线程属于托管线程池,则为 true,否则为 false
	Priority	指示线程优先级,由高到低依次为 Highest、AboveNomal、Normal、BelowNormal、Lowest,默认为 Normal
	ManagedThreadId	当前托管线程的唯一标识符(int 类型)
	Name	线程的名称,默认为 null
方法	Join	将指定的线程合并到当前线程中,并阻止当前线程的执行,直到指定的线程终止或经过指定的时间为止
	Start	启动线程
	Sleep	将当前线程阻止指定的毫秒数,设置为 0 表示挂起当前线程以使其他等待的线程得以执行
	Abort	在调用此方法的线程上引发 ThreadAbortExecption 异常,调用此方法通常会终止线程
	Resume	继续执行已挂起的线程
	Suspend	挂起线程,如果线程已暂停则不起作用

下面介绍线程的基本操作。

1. 线程的创建和启动

.NET 可以通过以下语句创建并启动一个新的线程：

```
Class1 c1 = new Class1();
Thread thread = new Thread(new ThreadStart(c1.ThreadFunc));   //ThreadFunc 为方法名
thread.Start();
```

第二条语句中，thread 线程对象通过 System.Threading.ThreadStart 类的一个实例以类型安全的方法调用 c1.ThreadFunc 方法。一旦方法 Start()被调用，该线程将保持“alive”状态，可以通过它的 IsAlive 属性进行查询。

如果要向线程启动的方法中传递参数，可以将该方法和参数都封装到一个类里面，参数作为属性，通过实例化该类，方法就可以调用属性来实现参数的安全传递，如下所示：

```
public class ThreadWithParam
{
    private string param                                    //要用到的属性,即要传递的参数
    public ThreadWithParam(string text){param = text;}      //包含参数的构造函数
    public void ThreadFunc(){Console.WriteLine(param);}     //以线程方式启动的方法
}
ThreadWithParam twp = new ThreadWithParam("Demo");
Thread thread = new Thread(twp.ThreadFunc);
thread.Start();
```

当线程启动的方法仅带一个参数时，可以在启动线程时传递实参，这种情况下作为线程启动的方法的参数类型必须是 Object 类型，如下所示：

```
public void ThreadFunc(object name)
{   string s = name as string;
   Console.WriteLine(s);
}
Thread thread = new Thread(ThreadFunc);
thread.Start("带参数的线程");
```

2. 前台线程和后台线程

.NET 的公共语言运行时(CLR)将线程分为前台线程和后台线程。应用程序必须运行完所有的前台线程才能退出；而所有的后台线程在应用程序退出时都会自动结束，无论它们的工作是否完成。通过线程的 IsBackground 属性可以设置一个线程是否是前台线程。

3. 线程的挂起和重新开始

Thread 类的方法 Thread.Suspend()可以暂停一个正在运行的线程，而 Thread.Resume()则可以让那个线程继续执行。.NET 框架不记录线程挂起的次数，即无论线程挂起几次，只需调用 Resume 方法一次就可以让挂起的线程重新运行。

如果希望线程暂停一段时间以便 CPU 将时间片中剩余部分分配给其他线程，可以调

用 Thread. Sleep 方法。例如：

```
Thread.Sleep(1000);
```

该语句让当前线程暂停 1000ms。

如果参数是 0，如：

```
Thread.Sleep(0);
```

则指示应挂起此线程以使其他等待线程能够执行。

注意，以上这些方法是针对它们所在的线程执行的，而不是其他线程。

4. 终止线程

线程启动后，如果线程执行的方法运行结束，则线程终止。因此对于长时间运行的服务线程，可以在线程执行的方法中设置一个 bool 变量，线程执行过程中循环判断该变量，以确定是否让方法运行结束，从而退出线程。在其他线程中通过修改该 bool 变量的值实现对该线程结束的控制。这是结束线程比较好的方法。例如：

```
public class Thread1
{
    private volatile bool bStopped = false;                    //控制线程是否结束的字段
    public void ThreadFunc()
    {
        while (!bStoopped)
            Console.WriteLine{"线程运行中\n"};
    }
}
Thread1 t = new Thread1();
Thread thread = new Thread(new ThreadStart(t.ThreadFunc));
thread.Start();
```

另外，也可以通过调用 Thread 类的 Abort 方法让线程强行终止，例如：

```
Thread td = new Thread(方法名);
…
td.Abort();
```

由于系统对非正常结束的线程要进行代码清理等工作，使用 Abort 方法终止线程时，线程并不一定会立即结束。如果调用 Abort 方法后系统自动清理工作还在进行，则可能出现类似死机一样的假象。

5. 合并线程

Join 方法用于将指定线程合并到当前线程中。例如，在线程 t1 的执行过程中需要等待另一个线程 t2 结束后才能继续执行，则在 t1 的代码中使用 Join 方法：

```
t2.Join();
```

这样，当 t1 中的代码执行上句后，t1 会处于暂停状态，直到 t2 执行完才会继续执行。

如果只是希望 t1 线程等待一段时间，无论 t2 是否执行结束 t1 都继续执行，则可以使用带参数的 Join 方法，例如：

```
t2.Join(100);
```

让 t1 等待 t2 执行 100ms 后继续执行。

6. volatile 关键字

volatile 关键字表示它修饰的字段可以被多个并发执行的线程修改。对于多线程访问的字段，如果该字段没有用 lock 语句对访问进行序列化，则该字段应该用 volatile 修饰。

volatile 关键字只能用在类或结构体的字段定义中，如修饰上面的 bStopped 字段，不能将局部变量声明为 volatile。

可被 volatile 修饰的类型有：

(1) 引用类型；

(2) 指针类型(在不安全的上下文中)；

(3) 整型，如 sbyte、byte、short、ushort、int、uint、char、float 和 bool；

(4) 具有整数基类型的枚举类型；

(5) 形式类型为引用类型的泛型类型参数；

(6) IntPtr 和 UIntPtr。

【例 2-6】 线程基本使用方法演示。

```
class Program
{
    public static void ThreadProc()
    {
      for (int i = 0; i < 10; i++)
      {
            Console.WriteLine("ThreadProc:{0}", i);
            Thread.Sleep(50);
      }
    }
    static void Main(string[] args)
    {
        Console.WriteLine("Main thread: Start a second thread.");
        Thread t = new Thread(new ThreadStart(ThreadProc));
        t.Start();
        for (int i = 0; i < 4; i++)
        {
            Console.WriteLine("Main thread: Do some work.");
            Thread.Sleep(100);                    //将当前线程挂起指定时间
        }
        Console.WriteLine("Main thread: Call Join(),to wait until ThreadProcends.");
        t.Join();                                 //阻止调用线程,直到 t 线程终止时为止
        Console.WriteLine("Main thread: ThreadProc.Join has returned. Press Enter to end program.");
        Console.ReadLine();
    }
}
```

程序运行结果如图 2-17 所示。

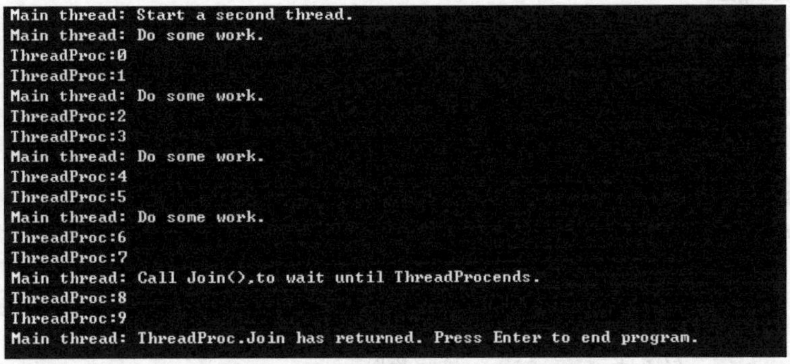

```
Main thread: Start a second thread.
Main thread: Do some work.
ThreadProc:0
ThreadProc:1
Main thread: Do some work.
ThreadProc:2
ThreadProc:3
Main thread: Do some work.
ThreadProc:4
ThreadProc:5
Main thread: Do some work.
ThreadProc:6
ThreadProc:7
Main thread: Call Join(),to wait until ThreadProcends.
ThreadProc:8
ThreadProc:9
Main thread: ThreadProc.Join has returned. Press Enter to end program.
```

图 2-17　线程基本使用方法演示结果

【例 2-7】 用多线程方法改善例 2-3 中的客户端/服务器端通信，实现服务器可以与多个客户端通信，并随时接收客户端发送的消息。

(1) 服务器端程序，Program 类中代码如下：

```
class Program
{
    private static byte[] result = new Byte[1024];
    private static int myprot = 8012;
    static Socket serverSocket;
    static void Main(string[] args)
    {
        //服务器 IP 地址
        IPAddress ip = IPAddress.Parse("127.0.0.1");
        serverSocket = new Socket(AddressFamily.InterNetwork, SocketType.Stream, ProtocolType.Tcp);
        serverSocket.Bind(new IPEndPoint(ip, myprot));
        serverSocket.Listen(10);
        Console.WriteLine("启动监听{0}成功", serverSocket.LocalEndPoint.ToString());
        Thread myThread = new Thread(ListenClientConnect);          //创建连接线程
        myThread.Start();
        Console.ReadLine();
    }
    /// <summary>
    /// 接收连接
    /// </summary>
    private static void ListenClientConnect()
    {
        while (true)                    //为保证能响应多个客户端的连接必须循环调用 Accept 方法
        {
            Socket clientSocket = serverSocket.Accept();
            //通过 clientSocket 发送数据
            clientSocket.Send(Encoding.ASCII.GetBytes("Server Say Hello"));
            Thread receiveThread = new Thread(ReceiveMessage);  //创建数据接收线程
            receiveThread.Start(clientSocket);
        }
```

```
    }
    /// <summary>
    /// 接收信息
    /// </summary>
    /// <param name="clientSocket">包含客户机信息的套接字</param>
    private static void ReceiveMessage(Object clientSocket)
    {
        Socket myClientSocket = (Socket)clientSocket;
        while (true) //为保证能多次接收客户端的数据,必须循环调用 Receive 方法
        {
            try
            {
                //通过 clientSocket 接收数据
                int receiveNumber = myClientSocket.Receive(result);
                Console.WriteLine("接收客户端{0}消息{1}", myClientSocket.RemoteEndPoint.
ToString(), Encoding.ASCII.GetString(result, 0, receiveNumber));
            }
            catch (Exception ex)
            {
                Console.WriteLine(ex.Message);
                myClientSocket.Shutdown(SocketShutdown.Both);
                myClientSocket.Close();
                break;
            }
        }
    }
}
```

(2) 改写客户端程序,使其分批发送数据。Program 类中代码如下:

```
class Program
{
    private static byte[] result = new Byte[1024];
    static void Main(string[] args)
    {
        //服务器 IP 地址
        IPAddress ip = IPAddress.Parse("127.0.0.1");
        Socket clientSocket = new Socket(AddressFamily.InterNetwork, SocketType.Stream,
ProtocolType.Tcp);
        try
        {
            clientSocket.Connect(new IPEndPoint(ip, 8012));
            Console.WriteLine("连接服务器成功");
        }
        catch
        {
            Console.WriteLine("连接服务器失败,请按回车键退出");
            return;
        }
        //通过 clientSocket 接收数据
        int receiveLength = clientSocket.Receive(result);
```

```
            Console.WriteLine("接收服务器消息:{0}", Encoding.ASCII.GetString(result, 0, rece
iveLength));
            //通过 clientSocket 发送数据
            for (int i = 0; i < 5; i++)
            {
                try
                {
                    Thread.Sleep(1000);
                    string sendMessage = "client send Message Hello" + DateTime.Now;
                    clientSocket.Send(Encoding.ASCII.GetBytes(sendMessage));
                    Console.WriteLine("向服务器发送消息:{0}", sendMessage);
                }
                catch
                {
                    clientSocket.Shutdown(SocketShutdown.Both);
                    clientSocket.Close();
                    break;
                }
            }
            Console.WriteLine("发送完毕,按回车键退出");
            Console.ReadLine();
        }
    }
```

7. 在一个线程中访问另一个线程的控件

默认情况下,.NET Framework 不允许在一个线程中直接访问另一个线程的控件,因为如果多个线程同时访问某一个控件,会使该控件进入一种不确定的状态。但是,为了在窗体上显示线程中的处理消息,我们可能要经常在一个线程中访问另一个线程的控件。有两种方法可以实现这个功能,一种是使用委托(Delegate)和事件(Event);另一种是利用 BackgroundWorker 组件。这里仅介绍使用委托和事件实现的方法。

为了让不是创建控件的线程访问该控件对象,Windows 应用程序中的每个控件都有一个 Invoke 方法,该方法利用委托实现使非创建控件的线程对该控件进行操作。具体用法是先查询控件的 InvokeRequired 属性值,如果该值为 true,说明访问该控件的线程不是当前线程,这时需要利用委托访问控件,否则直接访问控件。例如,在另一个线程中调用控件的 AddText 方法,实现对 textBox1 控件显示文本的追加:

```
private delegate void AddTextDelegate(string text);
public void AddText(string text)
{
    if (textBox1.InvokeRequired)
    { AddTextDelegate td = AddText;
      textBox1.Invoke(td, text);
    }
    else
      textBox1.Text += text;
}
```

【例 2-8】 编写如图 2-18 所示的 Windows 程序。定义一个 CTextOutput 类，在该类中定义方法 WriteText，用于不停地将主界面编辑框中的文本填写到主界面的 ListBox 控件中。同时，每当编辑框内文本发生变化时，新的文本内容自动填写到 ListBox 控件中。

图 2-18 例 2-8 的主界面

(1) 新建名为 AccessControlInThread 的 Windows 应用程序，界面设计如图 2-18 所示。

(2) 在"解决方案资源管理器"中，添加名为 CTextOutput.cs 的文件。将该文件代码改为如下形式：

```
using System.Threading;
namespace AccessControlInThread
{
    class CTextOutput
    {
        public volatile bool shouldstop = false;
        public volatile string strOutputText;
        private Form1 form1;
        public CTextOutput(Form1 form1, string strText)
        {
            this.form1 = form1;
            strOutputText = strText;
        }

        public void WriteText()
        {
            form1.AddText(strOutputText);
            while (shouldstop == false)
            {
                Thread.Sleep(100);                    //输出线程休眠 100ms
                form1.AddText(strOutputText);
            }
            form1.AddText("自动填表线程终止");
        }
    }
}
```

(3) 切换到 Form1.cs 的代码编辑界面，将代码改为下面内容：

```
public partial class Form1 : Form
{
    Thread fillListThread;
    CTextOutput ctoFillList;
    public Form1()
    {
        InitializeComponent();
```

```
        ctoFillList = new CTextOutput(this, "default");
    }

    private delegate void AddTextDelegate(string text);
    public void AddText(string text)
    {
        if (ltbViewText.InvokeRequired)
        {
            AddTextDelegate td = AddText;
            ltbViewText.Invoke(td, text);
        }
        else
            ltbViewText.Items.Add(text);
    }

    private void btnStartThread_Click(object sender, EventArgs e)
    {
        ltbViewText.Items.Clear();
        ctoFillList.shouldstop = false;
        ctoFillList.strOutputText = tbText.Text;
        fillListThread = new Thread(ctoFillList.WriteText);
        fillListThread.IsBackground = true;
        fillListThread.Start();
    }

    private void btnEndThread_Click(object sender, EventArgs e)
    {
        ctoFillList.shouldstop = true;
        fillListThread.Join(0);
    }

    private void tbText_TextChanged(object sender, EventArgs e)
    {
        ctoFillList.strOutputText = tbText.Text;
    }
}
```

(4) 按F5键编译并执行。单击“启动线程”按钮,程序将文本框中的内容填入列表框,每当编辑框中的文本发生变化时,新的文本自动填入列表框;单击“终止线程”按钮,填表停止。

2.5.3 多线程的同步

多个线程同时运行时,根据线程之间的逻辑关系决定谁先执行,谁后执行,这就是线程同步。在学习线程同步前,先了解下一线程的优先级。

CPU按照线程的优先级进行线程时间片的分配和服务。C#将线程分为5个不同的优先级。创建线程时,如果不指定优先级,系统默认为Normal。如果要赋予高优先级,可以使用下面方法:

```
Thread t = new Thread(MethodName);
t.priority = ThreadPriority.AboveNormal;
```

通过线程优先级的改变可以改变线程的执行顺序,所设置的优先级仅适用于这些线程所属的进程。值得注意的是,当某一线程的优先级设置为 Highest 时,系统上正在运行的其他线程都会停止,所以除非是必须立即处理的任务,否则不使用这个优先级。

多线程处理解决了吞吐量和响应速度的问题,但也带来了资源共享问题,如死锁和资源争用。如果一个线程必须在另一个线程完成某个工作后才能继续执行,则必须考虑如何让它们保持同步,以确保系统上同时运行的多个线程不会出现死锁或逻辑错误。

假设 A、B 两个线程有相同优先级且同时在同一系统上运行,如果先给 A 分配时间片,它将在变量 var1 中写入某个值,但在尚未执行完线程 A 时,时间片已经用完,此时时间片已分配给了线程 B 使用,而 B 恰好要尝试读取 var1 的值,此时读出的就是不正确的值,如此便会出错。这种情况下,若使用线程同步,则可避免错误出现,因为同步仅允许一个线程使用相同资源,当其使用结束后才让其他线程使用。

要解决多线程编程中的同步问题,我们使用得最多的是 C# 提供的 lock 语句。lock 关键字能确保当一个线程位于代码的临界区(可理解为一段代码)时,另一个线程不进入临界区。如果其他线程试图进入锁定的代码段,则它将被阻塞,直到锁定的对象被释放。

lock 关键字将代码段(语句块)标记为临界区,其原理为首先锁定一个私有对象,然后执行代码段中的语句,当代码段中的语句执行完毕后,再解除该锁。使用形式如下:

```
private Object obj = new Object();
...
lock(obj)
{
...
}
```

注意,锁定的对象名(上面的 obj)一般声明为 Object 类型,不声明为值类型。而且一定要将其声明为 private,不能为 public,否则 lock 语句无法控制,易产生死锁等一系列问题。另外,临界区的代码不宜过多。由于锁定一个对象后,在解锁该对象之前,其他任何线程都不能执行 lock 语句所包含的代码块中的内容,因此,在临界区中代码过多会降低应用程序的性能。

2.5.4 线程池的概念与使用方法

线程池是在后台执行多个任务的线程集合。一般在服务器端应用程序中使用线程池接收客户端的请求,每个传入的请求都会被分配一个线程,从而达到异步处理请求的目的。

但是,在服务器应用程序中,若每收到一个请求就创建一个新线程,将不可避免地增大系统开销,甚至可能会导致由于过度地使用资源而耗尽内存。为了防止资源不足,服务器端应用程序可以采用线程池来限制同一时刻处理线程的数目,即最大线程数限制。如果线程池满了,则进入线程池的线程需等待线程池中有空余线程可分配时才可进入。

System.Threading 命名空间提供了一个 ThreadPool 类对线程池进行操作。其语法形式为:

```
public static class ThreadPool
```

由上可知,ThreadPool是一个静态类。该类只提供了一些静态方法,不能创建该类的实例。注意,托管线程池中的线程为后台线程,这意味着当所有前台线程退出后ThreadPool也会退出。

每个进程有一个线程池。线程池默认大小为25个线程。使用SetMaxThreads方法可以更改线程池的线程数。每个线程使用默认的栈堆大小并按照默认的优先级运行。

表2-11列出了ThreadPool类的常用方法。

表2-11 ThreadPool类的常用方法

名　称	说　明
GetAvailableThreads	检索GetMaxThreads方法返回的线程池的最大数目和当前活动数目之间的差值
GetMaxThreads	检索可以同时处于活动状态的线程池请求的数目。所有大于此数目的请求将保持排队状态,直到线程池变为可用
GetMinThreads	检索线程池在新请求预测中维护的空闲线程数
QueueUserWorkItem	将方法排入队列以便于执行。此方法在有线程池线程变得可用时执行
SetMaxThreads	设置可以同时处于活动状态的线程池的请求数目。所有大于此数目的请求将保持排队状态,直到线程池变为可用
SetMinThreads	设置线程池在新请求预测中维护的空闲线程数
RegisterWaitForSingleObject	注册一个委托等待WaitHandle

请求线程池处理一个任务或者工作项可以调用QueueUserWorkItem方法。这个方法带有一个WaitCallback委托参数,该参数包装了要完成的任务。运行时线程池会自动为每一个任务创建线程并在任务释放时释放线程。

下面代码说明了如何创建线程池和添加任务:

```
using System;
using System.Threading;
public class Example
{
    public static void Main()
    {
        //将任务添加到队列中
        ThreadPool.QueueUserWorkItem(new WaitCallback(Threadproc));
        Console.WriteLine("主线程执行操作,然后暂停等待异步操作完成.");
        Thread.Sleep(1000);         //让主线程暂停一段时间以便后台线程执行完毕
        Console.WriteLine("主线程已退出.");
        Console.ReadLine();
    }
    static void Threadproc(Object stateInfo)
    {
        //由于没有为QueueUserWorkItem传递object参数,所以stateInfo为null
        Console.WriteLine("这是线程池中的线程输出的内容");
    }
}
```

线程池适用于需要多个线程而实际执行时间不多的场合,例如有些经常处于等待状态的线程。线程池技术非常适合于服务器程序接收大量的短小线程请求的情况,它可以大大减少创建和销毁线程的次数,从而提高工作效率。若线程要求运行时间比较长,则仅靠减少线程的创建时间对系统效率的提高就不明显,此时就不能仅依靠线程池技术,而需要借助其他技术来提高服务效率了。

第二部分 C#网络传输程序开发

第3章　TCP网络程序开发
第4章　UDP网络程序开发
第5章　P2P网络程序开发

第3章 TCP网络程序开发

TCP(Transmission Control Protocol,传输控制协议)是一种面向连接(连接导向)的、可靠的、基于字节流的、全双工的传输层(transport layer)通信协议。在简化的计算机OS模型中,TCP位于IP层之上,用于完成传输层的指定功能。TCP的工作过程与人们日常生活中的打电话相似,要经过建立连接、传输数据和连接终止3个步骤。

3.1 TCP程序开发主要技术

TCP程序开发的主要技术有使用套接字进行TCP传输、使用TCP类进行网络传输和TCP同步异步等。

3.1.1 使用套接字进行TCP传输

套接字分为两种:一种是面向连接的(connection-oriented)套接字,另一种是无连接的(connectionless)套接字。使用TCP协议编程的套接字是面向连接的,通过它建立两个IP地址端点之间的会话,一旦建立了这种连接就可以在设备之间进行可靠传输。

根据连接的启动方式和本地套接字要连接的目标,套接字的连接过程可分为以下3个阶段:

(1) 服务器监听:是指服务器套接字并不定位具体的客户端套接字,而是处于等待连接的状态,实时监控网络状态。

(2) 客户端请求:是指由客户端的套接字提出连接请求,要连接的目标是服务器的套接字。为此,客户端的套接字必须首先描述它要连接的服务器的套接字,指出服务器套接字的地址和端口号,然后再向服务器套接字提出连接请求。

(3) 连接确认:是指当服务器套接字监听到客户端套接字的连接请求时,它就响应客户端套接字的请求,把服务器套接字的信息发给客户端,一旦客户端确认了此信息,连接即可建立。而服务器套接字继续监听其他客户端套接字的连接请求。面向连接的套接字编程框架如图3-1所示。

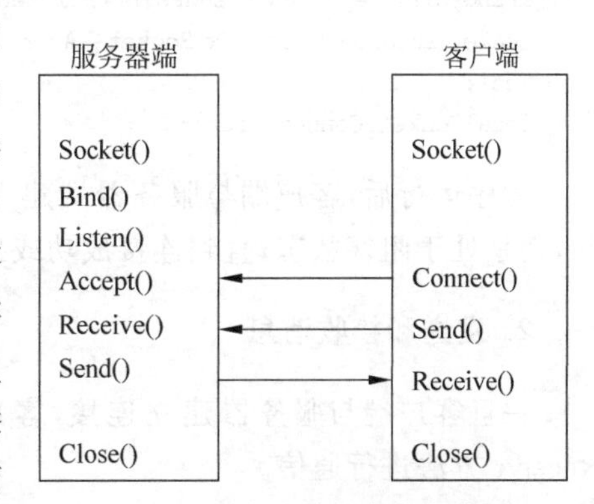

图3-1 面向连接的套接字编程

1. 建立连接

服务器和客户端通信的前提是服务器首先在指定的端口监听是否有客户端的连接请求，当客户端向服务器发起连接请求并被服务器接收后，双方即可建立连接。

(1) 服务器编程。在服务器程序中，首先创建一个本地套接字对象。例如：

```
Socket localSocket = new Socket(AddressFamily.InterNetwork, SocketType.Stream, ProtocolType.
Tcp);
```

然后将套接字绑定到用于 TCP 通信的本地 IP 地址和窗口上。Bind 方法用于完成绑定工作。例如：

```
IPHostEntry local = Dns.GetHostByName(Dns.GetHostName());
IPEndPoint iep = new IPEndPoint(local.AddressList[0], 1180);
localSocket.Bind(iep);
```

将套接字与端口绑定后，就用 Listen 方法等待客户端发出连接尝试。例如：

```
locatSocket.Listen(10);
```

Listen 方法自动将客户端连接请求放到请求队列中，参数指出系统等待用户服务程序排队的连接数，超过连接数的任何客户端都不能与服务器进行通信。

在 Listen 方法执行之后，服务器已经做好了接收任何连接的准备。这时，可用 Accept 方法从请求队列中获取连接。例如：

```
localSocket.Accept();
```

程序执行到 Accept 方法时被阻塞，直到接收到客户端的连接请求后才继续执行下一条语句。服务器一旦接收了客户端的连接请求，Accept 方法立即返回一个与客户端通信的新的套接字。该套接字中既包含了本机的 IP 地址和端口号，也包含了客户端的 IP 地址和端口号。然后就可以利用此套接字与该客户端进行通信了。

(2) 客户端编程。客户端利用 Socket 的 Connect 方法向远程主机的端点发起连接请求，并将自身绑定到系统自动分配的端点上。例如：

```
IPAddress remoteHost = IPAddress.Parse("192.168.0.1");
IPEndPoint iep = new IPEndPoint(remoteHost, 1180);
Socket localSocket = new Socket( AddressFamily.InterNetwork, SocketType.Stream, ProtocolType.
Tcp);
localSocket.Connect(iep);
```

程序运行后，客户端与服务器端建立连接之前，系统不会执行 Connect 语句下面的语句，而是处于阻塞状态，直到连接成功或出现异常为止。

2. 发送和接收消息

一旦客户端与服务器建立连接，客户机和服务器都可以使用 Socket 对象的 Send 和 Receive 方法进行通信。

(1) 服务器编程。当服务器接收客户端的连接请求成功时,Accept 方法返回包含该客户端 IP 地址及端口号信息的套接字。服务器可以用该套接字与客户端通信。

```
…
Socket clientSocket = localSocket.Accept();
//建立连接后,利用 Send 方法向客户端发送信息
clientSocket.Send(Encoding.ASCII.GetBytes("server send Hello"));
//接收客户端信息
byte[] myresult = new Byte[1024];
int receiveNum = clientSocket.Receive(myresult);
Console.WriteLine("接收客户端信息:{0}",Encoding.ASCII.GetString(myresult));
…
```

(2) 客户端编程。客户端可直接使用本地套接字的 Send 方法向服务器发送信息,利用 Receive 方法接收服务器信息。

```
…
localSocket.Connect(iep);
//建立连接成功后,向服务器发送信息
string sendMessage = "client send Message Hello" + DateTime.Now;
localSocket.Send(Encoding.ASCII.GetBytes(sendMessage));
Console.WriteLine("向服务器发送信息:{0}", sendMessage);
//接收服务器信息
byte[] result = new Byte[1024];
localSocket.Receive(result);
Console.WriteLine("接收服务器信息:{0}", Encoding.ASCII.GetString(result));
…
```

3. 关闭连接

通信完成后,首先用 Shutdown 方法停止会话,然后关闭 Socket 实例。表 3-1 说明了 Socket.Shutdown 方法可以使用的值。

表 3-1 Socket.ShutDown 值

名 称	说 明
SocketShutdown.Receive	防止套接字上接收数据,如果收到额外的数据,将发送一个 RST 信号
SocketShutdown.Send	防止套接字上发送数据,在所有存留的缓冲器中的数据发送出去之后,发送一个 FIN 信号
SocketShutdown.Both	在套接字上既停止发送也停止接收

关闭连接的一般用法:

```
localSocket.Shutdown(SocketShutdown.Both);
localSocket.Close();
```

该方法允许 Socket 对象一直等待,直到将内部缓冲区的数据发送完为止。

3.1.2 使用 TCP 类进行网络传输

为了简化网络编程的复杂度,.NET 对套接字进行了封装,封装后的类就是 TcpListener 类和 TcpClienr 类,它们都在 System.Net.Sockets 命名空间下。值得注意的

是,TcpListener 类和 TcpClienr 类只支持标准协议编程。如果要编写非标准协议的程序,只能使用套接字来实现。

TcpListener 类用于监听客户端的连接请求;TcpClienr 类用于提供本地主机和远程主机的连接信息。

1. TcpListener 类

TcpListener 类用于监听和接收传入的连接请求。该类的构造函数有两种常用的重载形式。

1) TcpListener(IPEndPoint iep)

其中,iep 是 IPEndPoint 类型的对象,iep 包含了服务器端的 IP 地址和端口号。该构造函数通过 IPEndPoint 类型的对象在指定的 IP 地址与端口监听客户端连接请求。

2) TcpListener(IPAddress localAddr, int port)

该构造函数建立一个 TcpListener 对象,在参数中直接指定本机 IP 地址和端口,并通过指定的本机 IP 地址和端口监听传入的连接请求。

构造了 TcpListener 对象后,就可以监听客户端的连接请求了。与 TcpClient 相似,TcpListener 也分别提供了同步方法和异步方法。在同步工作方式下,对应以下几种方法。

(1) AcceptSocket 方法。该方法用于在同步阻塞方式下获取并返回一个用来接收和发送数据的套接字对象,同时从传入的连接队列中移除该客户端的连接请求。该套接字包含了本地和远程主机的 IP 地址和端口号,然后通过调用 Socket 对象的 Send 方法和 Receive 方法和远程主机进行通信。

(2) AcceptTcpClient 方法。该方法用于在同步阻塞方式下获取并返回一个可以用来接收和发送数据的封装了 Socket 的 TcpClient 对象。

(3) Start 方法。该方法用于启动监听,构造函数为:

```
public void Start()
public void Start(int backlog)
```

整型参数 backlog 为请求队列的最大长度,即最多允许的客户端连接个数。Start 方法被调用后,将自己的 LocalEndPoint 和底层 Socket 对象绑定起来,并自动调用 Socket 对象的 Listen 方法开始监听来自客户端的请求。如果接收了一个客户端请求,Start 方法会自动将该请求插入请求队列,然后继续监听下一个请求,直到调用 Stop 方法停止监听。当 TcpListener 接收的请求超过请求队列的最大长度或小于 0 时,等待接收连接请求的远程主机将会抛出 SocketException 类型的异常。

(4) Stop 方法。该方法用于停止监听请求,方法原型为:

```
public void Stop()
```

程序执行 Stop 方法后,会立即停止监听客户端连接请求,并关闭底层的 Socket 对象。等待队列中的请求将会丢失,等待接收连接请求的远程主机会抛出套接字异常。

表 3-2 列出了 TcpListener 类常用的方法。

表 3-2 TcpListener 类常用的方法

方　　法	说　　明
AccepetSocket	从端口处接收一个连接,并赋予它 Socket 对象
AcceptTcpClient	从端口处接收一个连接,并赋予它 TcpClient 对象
Equals	判断两个 TcpClient 对象是否相等
Pending	确定是否有挂起的连接请求：true 有连接挂起,false 无连接挂起
Start	开始侦听传入的连接请求
Stop	关闭侦听器
ToString	创建 TcpListener 对象的字符串表示

2. TcpClient 类

TcpClient 类归类于 System. Net. Socket 命名空间下。利用 TcpClient 类提供的方法，可以通过网络进行连接、发送和接收网络数据流。该类的构造函数有 4 种重载形式。

1) TcpClient()

该构造函数创建一个默认的 TcpClient 对象,该对象自动选择客户端尚未使用的 IP 地址和端口号。创建该对象后,即可用 Connect 方法与服务器端进行连接。例如：

```
TcpClient tcpClient = new TcpClient();
tcpClient.Connect("www.abcd.com", 51888);
```

2) TcpClient(AddressFamily family)

该构造函数创建的 TcpClient 对象也能自动选择客户端尚未使用的 IP 地址和端口号，但是使用 AddressFamily 枚举指定了使用哪种网络协议。创建该对象后,即可用 Connect 方法与服务器端进行连接。例如：

```
TcpClient tcpClient = new TcpClient(AddressFamily.InterNetwork);
tcpClient.Connect("www.abcd.com", 51888);
```

3) TcpClient(IPEndPoint iep)

其中,iep 是 IPEndPoint 类型的对象,iep 指定了客户端的 IP 地址和端口号。当客户端的主机有一个以上的 IP 地址时,可使用此构造函数选择要使用的客户端主机 IP 地址。例如：

```
IPAddress[] address = Dns.GetHostAddresses(Dns.GetHostName());
IPEndPoint iep = new IPEndPoint(address[0], 51888);TcpClient tcpClient = new TcpClient(iep);
tcpClient.Connect("www.abcd.com", 51888);
```

4) TcpClient(string hostname,int port)

这是使用最方便的一种构造函数。该构造函数可直接指定服务器端域名和端口号,而且无须使用 connect 方法。客户端主机的 IP 地址和端口号自动选择。例如：

```
TcpClient tcpClient = new TcpClient("www.abcd.com", 51888);
```

表 3-3 和表 3-4 分别列出了 TcpClient 类的常用属性和方法。

表 3-3 TcpClient 类的常用属性

属性	含义
Client	获取或设置基础套接字
LingerState	获取或设置套接字保持连接的时间
NoDelay	获取或设置一个值,该值在发送或接收缓冲区未满时禁用延迟
ReceiveBufferSize	获取或设置 Tcp 接收缓冲区的大小
ReceiveTimeout	获取或设置套接字接收数据的超时时间
SendBufferSize	获取或设置 Tcp 发送缓冲区的大小
SendTimeout	获取或设置套接字发送数据的超时时间

表 3-4 TcpClient 类的常用方法

方法	含义
Close	释放 TcpClient 实例,而不关闭基础连接
Connect	用指定的主机名和端口号将客户端连接到 TCP 主机
BeginConnect	开始对远程主机异步连接的请求
EndConnect	结束对远程主机异步连接的请求
GetStream	获取能够发送和接收数据的 NetworkStream 对象

3. 编写服务器端 TCP 应用程序的一般步骤

(1) 创建一个 TcpListener 对象,然后调用该对象的 Start 方法在指定的端口进行监听。示例代码:

```
//声明
private IPAddress localIP;                //IP 地址
private int port = 5656;                  //端口
private TcpListener tcpListener;          //监听套接字
//初始化
IPAddress[] listenIP = Dns.GetHostAddresses("");
localIP = listenIP[0];                    //初始化 IP 为本地地址
//创建 TcpListener 对象,开始监听
tcpListener = new TcpListener(localIP, port);
tcpListener.Start();
```

(2) 在单独的线程中,首先循环调用 AcceptTcpLient 方法接收客户端的连接请求,从该方法的返回结果中得到与该客户端对应的 TcpClient 对象,并利用该对象的 GetStream 方法得到 NetworkStream 对象;然后利用该对象得到其他使用更方便的对象,例如 BinaryReader 对象、BinaryWriter 对象,为进一步与对方通信做准备。

```
//启动一个线程接收请求
Thread threadAccept = new Thread(AcceptClientConnect);
threadAccept.Start();
//线程执行 AcceptClientConnect 方法接收请求
private void AcceptClientConnect()
{
   while (true)
```

```
    {
        try
        {
            tcpClient = tcpListener.AcceptTcpClient();
            if (tcpClient!= null)
            {
                networkStream = tcpClient.GetStream();
                Br = new BinaryReader(networkStream );
                Bw = new BinaryWriter(networkStream );

            }
          }
          Catch
          {
            ...
          }
      }
}
```

(3) 每得到一个新的 TcpClient 对象,就创建一个与该客户对应的线程,在线程中与对应的客户进行通信。例如:

```
Thread threadReceive = new Thread(ReceiveMessage);
threadReceive.Start();
```

其中,ReceiveMessage 是接收消息的方法。

(4) 根据传送的情况确定是否关闭与客户机的连接。

```
if(br!= null)
{
    br.Close();
}
if (bw != null)
{
    bw.Close();
}
if (tcpClient!= null)
{
    tcpClient.Close();
}
```

在关闭连接之前,要先关闭读写流 br 和 bw。

在停止服务后,服务器可以断开监听:

```
tcpListener.Stop();
```

4. 编写客户端 TCP 应用程序的一般步骤

(1) 利用 TcpClient 的构造函数创建一个 TcpClient 对象。

```
private TcpClient tcpClient;
```

```
tcpClient = new TcpClient();
```

(2) 使用 Connect 方法与服务器连接。

```
tcpClient.Connect(remoteHost.HostName, 5656);
```

(3) 使用 TcpClient 对象的 GetStream 方法得到网络流,然后利用该网络流与服务器进行数据传输。

```
if (tcpClient!= null)
{
      statusStrip1.Invoke(showStatus, "连接成功!");
      networkStream = tcpClient.GetStream();
      br = new BinaryReader(networkStream);
      bw = new BinaryWriter(networkStream);
}
```

(4) 创建一个线程监听指定的窗口,循环接收并处理服务器发送过来的信息。

```
Thread threadReceive = new Thread(ReceiveMessage);
threadReceive.Start();
```

其中,ReceiveMessage 方法用来循环接收消息。

(5) 完成工作后,向服务器发送关闭消息,并关闭与服务器的连接。

3.1.3 同步与异步

利用 TCP 开发应用程序时,.NET 框架提供两种工作方式,一种是同步工作方式(syschronization),另一种是异步工作方式(asynchronous)。

同步工作方式是指利用 TCP 编写的程序执行到监听或接收语句时,在未完成当前工作(侦听到连接请求或收到对方发来的数据)前不再继续往下执行。

使用同步 TCP 编写服务器端程序的一般步骤为:

(1) 创建一个包含采用的网络类型、数据传输类型和协议类型的本地套接字对象,并将其与服务器的 IP 地址和端口号绑定。这个过程可以通过 Socket 类或者 TcpListener 类完成。

(2) 在指定的端口进行监听,以便接收客户端的连接请求。

(3) 一旦接收了客户端的连接请求,就根据客户端发送的连接信息创建与该客户端对应的 Socket 对象或者 TcpClient 对象。

(4) 根据创建的 Socket 对象或者 TcpClient 对象,分别与每个连接的客户进行数据传输。

(5) 根据传送信息情况确定是否关闭与对方的连接。

异步工作方式是指程序执行到监听或接收语句时,不论当前工作是否完成,都会继续往下执行。

使用同步 TCP 编写客户端程序的一般步骤为:

(1) 创建一个包含传输过程中采用的网络类型、数据传输类型和协议类型的 Socket 对象或者 TcpClient 对象。

(2) 使用 Connect 方法与远程服务器建立连接。

(3) 与服务器进行数据传输。

(4) 完成工作后,向服务器发送关闭信息,并关闭与服务器的连接。

1. 同步 TCP 编程实例

【例 3-1】 编写如图 3-2 所示 Windows 程序。使用同步 TCP 编程,实现客户端与服务器通信,演示服务器与客户端相互收发信息的过程,以了解同步 TCP 的运行原理。

1) 界面设计

在 VS 2010 中,新建两个(客户端和服务器端)Windows 应用程序,项目名分别是 Tcp_Tb_Client 和 Tcp_Tb_Server。

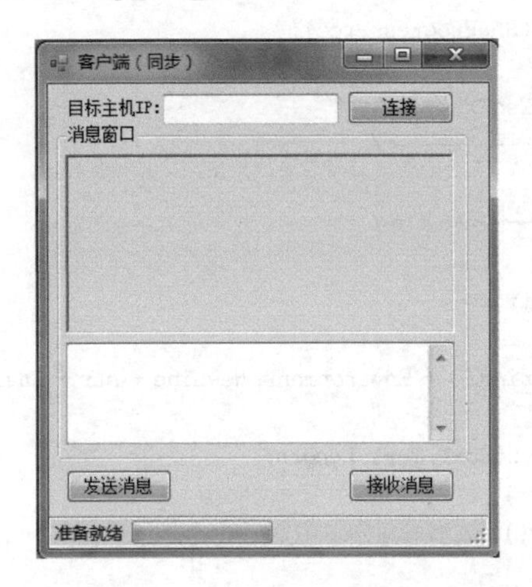

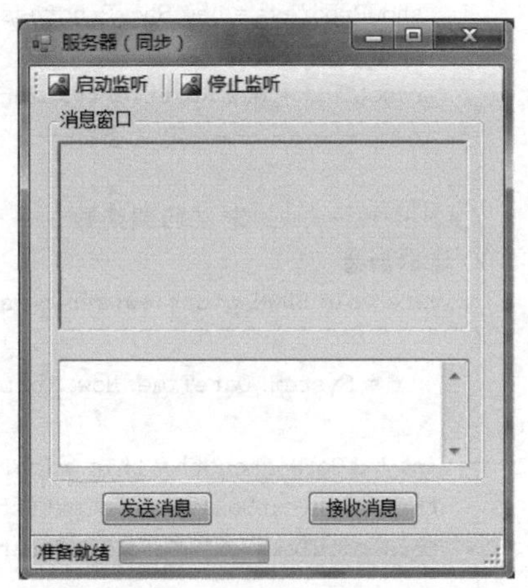

图 3-2 例 3-1 的主界面

从界面上可以看到,这个程序包括客户端和服务器端两个进程,服务器侦听连接,用户可在客户端进程界面上设置要连接的服务器端的 IP。客户端和服务器端可以双向发送消息。为了让大家更直观地理解同步和异步的工作机制,在客户端和服务器端添加了进度条,进度条将实时显示程序运行和数据收发的进度。

2) 客户端程序主要代码

```
public partial class Form1 : Form
{
    private IPAddress localAddress;
    private const int port = 5656;
    private TcpClient tcpClient;
    private NetworkStream networkStream;
    private BinaryReader br;
    private BinaryWriter bw;
    /* ------------ 声明委托 ------------ */
    private delegate void ShowMessage(string str);                //显示消息
    private ShowMessage showMessage;
    private delegate void ShowStatus(string str);                 //显示状态
    private ShowStatus showStatus;
    private delegate void ShowProgress(int progress);             //显示进度
```

```
private ShowProgress showProgress;
private delegate void ResetText();                              //重置消息文本
private ResetText resetText;
/* ------------ 声明委托 ------------ */
public Form1()
    {
        InitializeComponent();
        /* ---------- 定义委托 ---------- */
        //显示消息
        showMessage = new ShowMessage(ShwMsgforView);
        //显示状态
        showStatus = new ShowStatus(ShwStatusInfo);
        //显示进度
        showProgress = new ShowProgress(ShwProgressProc);
        //重置消息文本
        resetText = new ResetText(ResetMsgTxt);
        /* ---------- 定义委托 ---------- */
    }
    /* ---------- 定义回调函数 ---------- */
    //显示消息
    private void ShwMsgforView(string str)
    {
        str = System.DateTime.Now.ToString() + Environment.NewLine + str + Environment.
NewLine;
        int txtGetMsgLength = this.richTextBox1.Text.Length;
        this.richTextBox1.AppendText(str);
        this.richTextBox1.ScrollToCaret();
    }
    //显示状态
    private void ShwStatusInfo(string str)
    {
        toolStripStatusLabel1.Text = str;
    }
    //显示进度
    private void ShwProgressProc(int progress)
    {
        toolStripProgressBar1.Value = progress;
    }
    //重置消息文本
    private void ResetMsgTxt()
    {
        textBox1.Text = "";
        textBox1.Focus();
    }
    //发起连接请求
    private void ConnectoServer()
    {
        try
            {
                statusStrip1.Invoke(showStatus, "正在连接...");
                IPHostEntry remoteHost = Dns.GetHostEntry(textBox2.Text);
```

```
                tcpClient = new TcpClient();
                statusStrip1.Invoke(showProgress, 1);
                tcpClient.Connect(remoteHost.HostName, 5656);   //非同步
                //非同步操作
                statusStrip1.Invoke(showProgress, 100);
                //间歇延时
                DateTime nowtime = DateTime.Now;
                while (nowtime.AddSeconds(1)> DateTime.Now) { }
                if(tcpClient!= null)
                {
                    statusStrip1.Invoke(showStatus, "连接成功!");
                    networkStream = tcpClient.GetStream();
                    br = new BinaryReader(networkStream);
                    bw = new BinaryWriter(networkStream);
                }
            }
            catch
            {
                statusStrip1.Invoke(showStatus, "连接失败!");
                //间歇延时
                DateTime now = DateTime.Now;
                while (now.AddSeconds(1)> DateTime.Now) { }
                statusStrip1.Invoke(showProgress, 0);
                statusStrip1.Invoke(showStatus, "就绪");
            }
        }
        //接收消息
        private void ReceiveMessage()
        {
            statusStrip1.Invoke(showStatus, "接收中...");
            for (int i = 0; i < 5; i++)
            {
                try
                {
                    string rcvMsgStr = br.ReadString();           //同步操作 1
                    //附加操作 1
                    statusStrip1.Invoke(showProgress, i + 1);
                    if (rcvMsgStr!= null)
                    {
                        richTextBox1.Invoke(showMessage, rcvMsgStr);
                    }
                }
                catch
                {
                    if (br!= null)
                    {
                        br.Close();
                    }
                    if (bw!= null)
                    {
                        bw.Close();
```

```
                }
                if (tcpClient!= null)
                {
                    tcpClient.Close();
                }
                statusStrip1.Invoke(showStatus, "连接断开!");
                statusStrip1.Invoke(showProgress, 0);
                break;
            }
        }
        statusStrip1.Invoke(showStatus, "接收了" + 5 + "条消息.");
    }
    //发送消息
    private void SendMessage(object state)
    {
        statusStrip1.Invoke(showStatus, "正在发送...");
        for (int i = 0; i<5; i++)
        {
            try
            {
                bw.Write(state.ToString());
                //非同步操作
                statusStrip1.Invoke(showProgress, i + 1);
                DateTime now = DateTime.Now;                    //间歇延时
                while (now.AddSeconds(5)> DateTime.Now) { }
                bw.Flush();
            }
            catch
            {
                if (br!= null)
                {
                    br.Close();
                }
                if (bw!= null)
                {
                    bw.Close();
                }
                if (tcpClient!= null)
                {
                    tcpClient.Close();
                }
                statusStrip1.Invoke(showStatus, "连接断开!");
                statusStrip1.Invoke(showProgress, 0);
                break;
            }
        }
        statusStrip1.Invoke(showStatus, "完毕");
        //间歇延时
        DateTime nowtime = DateTime.Now;
        while (nowtime.AddSeconds(1)> DateTime.Now) { }
        statusStrip1.Invoke(showProgress, 0);
```

```
            textBox1.Invoke(resetText, null);
        }
```

3）服务器端程序主要代码

```
public partial class Form1 : Form
{
    private IPAddress localAddress;
    private const int port = 5656;
    private TcpListener tcpListener;
    private TcpClient tcpClient;
    private NetworkStream networkStream;
    private BinaryReader br;
    private BinaryWriter bw;
/* ------------声明委托------------ */
    //显示消息
    private delegate void ShowMessage(string str);
    private ShowMessage showMessage;
    //显示状态
    private delegate void ShowStatus(string str);
    private ShowStatus showStatus
    {
        //显示进度
        private delegate void ShowProgress(int progress);
        private ShowProgress showProgress;
        private delegate void ResetText();                           //重置消息文本
        private ResetText resetText;
    }
    /* ------------声明委托------------ */
    public Form1()
    {
        InitializeComponent();
        /* ----------定义委托---------- */
        showMessage = new ShowMessage(ShwMsgforView);                //显示消息
        showStatus = new ShowStatus(ShwStatusInfo);                  //显示状态
        showProgress = new ShowProgress(ShwProgressProc);            //显示进度
        resetText = new ResetText(ResetMsgTxt);                      //重置消息文本
    }
    /* ----------定义回调函数---------- */
    //显示消息
    private void ShwMsgforView(string str)
        {
            str = System.DateTime.Now.ToString() + Environment.NewLine + str + Environment.NewLine;
            int txtGetMsgLength = this.richTextBox1.Text.Length;
            this.richTextBox1.AppendText(str);
            this.richTextBox1.ScrollToCaret();
        }
        //显示状态
        private void ShwStatusInfo(string str)
        {
            toolStripStatusLabel1.Text = str;
```

```
        }
        //显示进度
        private void ShwProgressProc(int progress)
        {
            toolStripProgressBar1.Value = progress;
        }
        private void ResetMsgTxt() //重置消息文本
        {
            textBox1.Text = "";
            textBox1.Focus();
        }
    /* ---------- 定义回调函数 ---------- */
    //接收请求
    private void AcceptClientConnect()
    {
        statusStrip1.Invoke(showStatus, "[" + localAddress + ":" + port + "]侦听...");
        DateTime nowtime = DateTime.Now;                                    //间歇延时
        while (nowtime.AddSeconds(1) > DateTime.Now) { }
            try
            {
                statusStrip1.Invoke(showStatus, "等待连接...");
                statusStrip1.Invoke(showProgress, 1);
                tcpClient = tcpListener.AcceptTcpClient();              //同步操作 1
                //附加操作 1
                statusStrip1.Invoke(showProgress, 100);
                if (tcpClient!= null)
                {
                    statusStrip1.Invoke(showStatus, "接收了一个连接请求.");
                    networkStream = tcpClient.GetStream();
                    br = new BinaryReader(networkStream);
                    bw = new BinaryWriter(networkStream);
                }
            }
            catch
            {
                statusStrip1.Invoke(showStatus, "停止侦听.");
                if (tcpListener!= null)
                   tcpListener.stop();
                //间歇延时
                DateTime now = DateTime.Now;
                while (now.AddSeconds(1) > DateTime.Now) { }
                statusStrip1.Invoke(showProgress, 0);
                statusStrip1.Invoke(showStatus, "就绪");
            }
        }
    //接收消息
    private void ReceiveMessage()
    {
        statusStrip1.Invoke(showStatus, "接收中...");
        for (int i = 0; i < 5; i++)
        {
```

```
            try
            {
                string rcvMsgStr = br.ReadString();                    //同步操作 2
                //附加操作 2
                statusStrip1.Invoke(showProgress, i + 1);
                if (rcvMsgStr!= null)
                {
                    richTextBox1.Invoke(showMessage, rcvMsgStr);
                }
            }
            catch
            {
                if (br!= null)
                {
                    br.Close();
                }
                if (bw!= null)
                {
                    bw.Close();
                }
                if (tcpClient!= null)
                {
                    tcpClient.Close();
                }
                statusStrip1.Invoke(showStatus, "连接断开!");
                statusStrip1.Invoke(showProgress, 0);
                DateTime now = DateTime.Now;                           //间歇延时
                while (now.AddSeconds(2) > DateTime.Now) { }
                //重启一个线程等待接收新的请求
                Thread threadAccept = new Thread(AcceptClientConnect);
                threadAccept.Start();
                break;
            }
        }
        statusStrip1.Invoke(showStatus, "接收了" + 5 + "条消息.");
    }
    //发送消息
    private void SendMessage(object state)
    {
        statusStrip1.Invoke(showStatus, "正在发送...");
        for (int i = 0; i < 5; i++)
        {
            try
            {
                bw.Write(state.ToString()); //非同步
                statusStrip1.Invoke(showProgress, i + 1);              //非同步操作
                DateTime now = DateTime.Now;                           //间歇延时
                while (now.AddSeconds(5) > DateTime.Now) { }
                bw.Flush();
            }
            catch
```

```
            {
                if (br!= null)
                {
                    br.Close();
                }
                if (bw!= null)
                {
                    bw.Close();
                }
                if (tcpClient!= null)
                {
                    tcpClient.Close();
                }
                statusStrip1.Invoke(showStatus, "连接断开!");
                statusStrip1.Invoke(showProgress, 0);
                DateTime now = DateTime.Now;                              //间歇延时
                while (now.AddSeconds(2) > DateTime.Now) { }
                //重启一个线程等待接收新的请求
                Thread threadAccept = new Thread(AcceptClientConnect);
                threadAccept.Start();
                break;
            }
        }
        statusStrip1.Invoke(showStatus, "完毕");
        DateTime nowtime = DateTime.Now;                                  //间歇延时
        while (nowtime.AddSeconds(1) > DateTime.Now) { }
        statusStrip1.Invoke(showProgress, 0);
        richTextBox1.Invoke(resetText, null);
    }
```

2. 异步 TCP 编程实例

【例 3-2】 编写如图 3-3 所示的 Windows 程序。使用异步 TCP 编程,实现客户端与服务器通信,演示服务器与客户端相互收发信息的过程,理解异步 TCP 的编程方法。

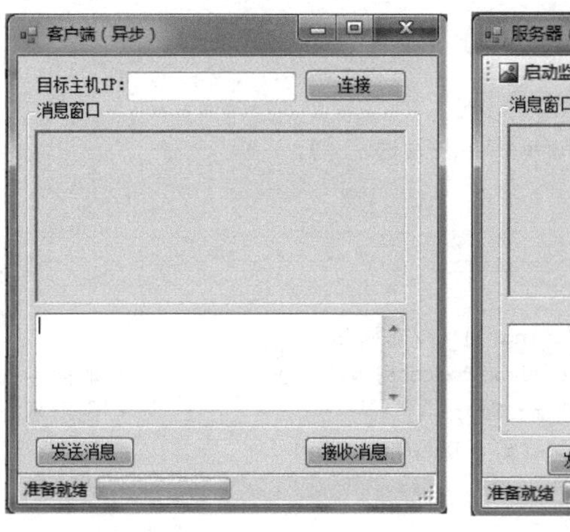

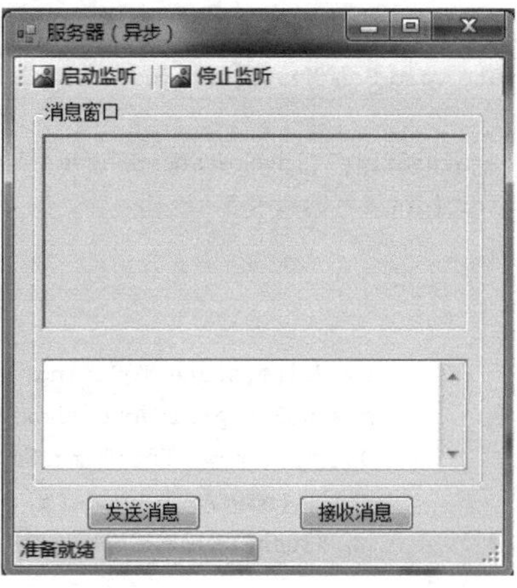

图 3-3 例 3-2 的主界面

1）界面设计

异步与同步的设计界面相同，但方法是用异步实现，程序运行后可以通过观察进度条知道二者之间的不同。

2）客户端程序主要代码

```
public partial class Form1 : Form
    {
        private TcpClient tcpClient;
        private NetworkStream networkStream;
        private BinaryReader br;
        private BinaryWriter bw;
    /* ------------ 声明委托 ------------ */
    //显示消息
    private delegate void ShowMessage(string str);
    private ShowMessage showMessage;
    private delegate void ShowStatus(string str);                         //显示状态
    private ShowStatus showStatus;
    //显示进度
    private delegate void ShowProgress(int progress);
    private ShowProgress showProgress;
    //重置消息文本
    private delegate void ResetText();
    private ResetText resetText;
    //异步调用
    private delegate void ReceiveMessageDelegate(out string receiveMessage);
    private ReceiveMessageDelegate receiveMessageDelegate;
    private delegate void SendMessageDelegate(string sendMessage);
    private SendMessageDelegate sendMessageDelegate;
    /* ------------ 声明委托 ------------ */
    public Form1()
    {
        InitializeComponent();
        /* ---------- 定义委托 ---------- */
        showMessage = new ShowMessage(ShwMsgforView);                 //显示消息
        showStatus = new ShowStatus(ShwStatusInfo);                   //显示状态
        showProgress = new ShowProgress(ShwProgressProc);             //显示进度
        resetText = new ResetText(ResetMsgTxt);                       //重置消息文本
        //接收消息
        receiveMessageDelegate = new ReceiveMessageDelegate(AsyncRcvMsg);
        //发送消息
        sendMessageDelegate = new SendMessageDelegate(AsyncSndMsg);
        /* ---------- 定义委托 ---------- */
    }
    /* ---------- 定义回调函数 ---------- */
    //显示消息
    private void ShwMsgforView(string str)
    {
        str = System.DateTime.Now.ToString() + Environment.NewLine + str + Environment.NewLine;
        int txtGetMsgLength = this.richTextBox1.Text.Length;
        this.richTextBox1.AppendText(str);
```

```
            this.richTextBox1.Select(txtGetMsgLength, str.Length - Environment.NewLine.Length * 2 -
str.Length);
            this.richTextBox1.SelectionColor = Color.Red;
            this.richTextBox1.ScrollToCaret();
        }
        //显示状态
        private void ShwStatusInfo(string str)
        {
            toolStripStatusLabel1.Text = str;
        }
        //显示进度
        private void ShwProgressProc(int progress)
        {
            toolStripProgressBar1.Value = progress;
        }
        //重置消息文本
        private void ResetMsgTxt()
        {
            textBox1.Text = "";
            textBox1.Focus();
        }
        //异步方法
        private void AsyncRcvMsg(out string receiveMessage)
        {
            receiveMessage = null;
            try
            {
                receiveMessage = br.ReadString();
            }
            catch
            {
                if (br!= null)
                {
                    br.Close();
                }
                if (bw!= null)
                {
                    bw.Close();
                }
                if (tcpClient!= null)
                {
                    tcpClient.Close();
                }
                statusStrip1.Invoke(showStatus, "连接断开!");
                statusStrip1.Invoke(showProgress, 0);
            }
        }
        private void AsyncSndMsg(string sendMessage)
        {
            try
            {
```

```
            bw.Write(sendMessage);
            DateTime now = DateTime.Now;                            //间歇延时
            while (now.AddSeconds(5) > DateTime.Now) { }
            bw.Flush();
        }
        catch
        {
            if (br!= null)
            {
                br.Close();
            }
            if (bw!= null)
            {
                bw.Close();
            }
            if (tcpClient!= null)
            {
                tcpClient.Close();
            }
            statusStrip1.Invoke(showMessage, "连接断开!");
            statusStrip1.Invoke(showProgress, 0);
        }
    }
    /* ---------- 定义回调函数 ---------- */
    //发起连接请求
    private void ConnectoServer()
    {
        AsyncCallback requestcallback = new
            AsyncCallback(RequestCallBack);
        statusStrip1.Invoke(showStatus, "正在连接...");
        statusStrip1.Invoke(showProgress, 1);
        tcpClient = new TcpClient(AddressFamily.InterNetwork);
        IAsyncResult result = tcpClient.BeginConnect(IPAddress.Parse(textBox2.Text), 5656,
            requestcallback, tcpClient);                            //异步操作 1
        while (result.IsCompleted == false)
        {
            Thread.Sleep(30);
        }
    }
    //回调函数,用于向服务进程发起连接请求
    private void RequestCallBack(IAsyncResult iar)
    {
        try
        {
            tcpClient = (TcpClient)iar.AsyncState;
            tcpClient.EndConnect(iar);
            statusStrip1.Invoke(showProgress, 100);
            DateTime nowtime = DateTime.Now;                        //间歇延时
            while (nowtime.AddSeconds(1) > DateTime.Now) { }
            if (tcpClient!= null)
            {
```

```
                statusStrip1.Invoke(showStatus, "连接成功!");
                networkStream = tcpClient.GetStream();
                br = new BinaryReader(networkStream);
                bw = new BinaryWriter(networkStream);
            }
        }
        catch
        {
            statusStrip1.Invoke(showStatus, "连接失败!");
            //间歇延时
            DateTime now = DateTime.Now;
            while (now.AddSeconds(1) > DateTime.Now) { }
            statusStrip1.Invoke(showProgress, 0);
            statusStrip1.Invoke(showStatus, "准备就绪");
        }
    }
    //接收消息
    private void ReceiveMessage()
    {
        statusStrip1.Invoke(showStatus, "接收中...");
        string receiveString = null;
        for (int i = 0; i < 5; i++)
        {
            try
            {
                IAsyncResult result = receiveMessageDelegate.BeginInvoke(out receiveString,
null, null);                                                        //异步操作 2
                int j = 1;
                while (result.IsCompleted == false)
                {
                    statusStrip1.Invoke(showProgress, j);
                    j++;
                    if (j == 5)
                    {
                        j = 0;
                    }
                    Thread.Sleep(500);
                }
                receiveMessageDelegate.EndInvoke(out receiveString,result);
                statusStrip1.Invoke(showProgress, 5);
                if (receiveString!= null)
                {
                    richTextBox1.Invoke(showMessage, receiveString);
                }
            }
            catch
            {
                DateTime now = DateTime.Now;                        //间歇延时
                while (now.AddSeconds(2) > DateTime.Now) { }
                break;
            }
```

```
        }
        statusStrip1.Invoke(showStatus, "接收了" + 5 + "条消息.");
    }
    //发送消息
    private void SendMessage(object state)
    {
        statusStrip1.Invoke(showStatus, "正在发送...");
        for (int i = 0; i < 5; i++)
        {
            try
            {
                IAsyncResult result = sendMessageDelegate.BeginInvoke(state.ToString(),
null, null);                                                            //异步操作 3
                while (result.IsCompleted == false)
                {
                    Thread.Sleep(30);
                }
                sendMessageDelegate.EndInvoke(result);
                statusStrip1.Invoke(showProgress, i + 1);
            }
            catch
            {
                //间歇延时
                DateTime now = DateTime.Now;
                while (now.AddSeconds(2) > DateTime.Now) { }
                break;
            }
        }
        statusStrip1.Invoke(showStatus, "完毕");
        //间歇延时
        DateTime nowtime = DateTime.Now;
        while (nowtime.AddSeconds(1) > DateTime.Now) { }
        statusStrip1.Invoke(showProgress, 0);
        richTextBox1.Invoke(resetText, null);
    }
```

3）服务器端程序主要代码

```
public partial class Form1 : Form
        {
            private IPAddress localAddress;
            private const int port = 5656;
            private TcpListener tcpListener;
            private TcpClient tcpClient;
            private NetworkStream networkStream;
            private BinaryReader br;
            private BinaryWriter bw;
    /* ------------ 声明委托 ------------ */
    private delegate void ShowMessage(string str);                      //显示消息
    private ShowMessage showMessage;
    private delegate void ShowStatus(string str);                       //显示状态
```

```
        private ShowStatus showStatus;
        //显示进度
        private delegate void ShowProgress(int progress);
        private ShowProgress showProgress;
        //重置消息文本
        private delegate void ResetText();
        private ResetText resetText;
        //异步调用(与要调用的方法具有相同签名)
        private delegate void ReceiveMessageDelegate(out string receiveMessage);
        private ReceiveMessageDelegate receiveMessageDelegate;
        private delegate void SendMessageDelegate(string sendMessage);
        private SendMessageDelegate sendMessageDelegate;
        /* ------------ 声明委托 ------------ */
        public Form1()
        {
            InitializeComponent();
            /* ---------- 定义委托 ---------- */
            //显示消息
            showMessage = new ShowMessage(ShwMsgforView);
            //显示状态
            showStatus = new ShowStatus(ShwStatusInfo);
            //显示进度
            showProgress = new ShowProgress(ShwProgressProc);
            //重置消息文本
            resetText = new ResetText(ResetMsgTxt);
            //接收消息
            receiveMessageDelegate = new ReceiveMessageDelegate(AsyncRcvMsg);
            //发送消息
            sendMessageDelegate = new SendMessageDelegate(AsyncSndMsg);
            /* ---------- 定义委托 ---------- */
        }
        /* ---------- 定义回调函数 ---------- */
        //显示消息
        private void ShwMsgforView(string str)
        {
            str = System.DateTime.Now.ToString() + Environment.NewLine + str + Environment.NewLine;
            int txtGetMsgLength = this.richTextBox1.Text.Length;
            this.richTextBox1.AppendText(str);
            this.richTextBox1.Select(txtGetMsgLength, str.Length - Environment.NewLine.Length * 2 -
    str.Length);
            this.richTextBox1.SelectionColor = Color.Red;
            this.richTextBox1.ScrollToCaret();
        }
        //显示状态
        private void ShwStatusInfo(string str)
        {
            toolStripStatusLabel1.Text = str;
        }
        //显示进度
        private void ShwProgressProc(int progress)
        {
```

```
    toolStripProgressBar1.Value = progress;
}
//重置消息文本
private void ResetMsgTxt()
{
    textBox1.Text = "";
    textBox1.Focus();
}
//异步方法
private void AsyncRcvMsg(out string receiveMessage)
{
    receiveMessage = null;
    try
    {
        receiveMessage = br.ReadString();
    }
    catch
    {
        if (br!= null)
        {
            br.Close();
        }
        if (bw!= null)
        {
            bw.Close();
        }
        if (tcpClient!= null)
        {
            tcpClient.Close();
        }
        statusStrip1.Invoke(showStatus, "连接断开!");
        statusStrip1.Invoke(showProgress, 0);
    }
}

private void AsyncSndMsg(string sendMessage)
{
    try
    {
        bw.Write(sendMessage);
        //间歇延时
        DateTime now = DateTime.Now;
        while (now.AddSeconds(5) > DateTime.Now) { }
        bw.Flush();
    }
    catch
    {
        if (br!= null)
        {
            br.Close();
        }
```

```
            if (bw!= null)
            {
                bw.Close();
            }
            if (tcpClient!= null)
            {
                tcpClient.Close();
            }
            statusStrip1.Invoke(showMessage, "连接断开!");
            statusStrip1.Invoke(showProgress, 0);
        }
    }
    /* ---------- 定义回调函数 ---------- */
    //接收请求
    private void AcceptClientConnect()
    {
        statusStrip1.Invoke(showStatus, "[" + localAddress + ":" + port + "]侦听...");
        //间歇延时
        DateTime nowtime = DateTime.Now;
        while (nowtime.AddSeconds(1) > DateTime.Now) { }
        AsyncCallback acceptcallback = new AsyncCallback(AcceptClientCallBack);
        statusStrip1.Invoke(showStatus, "等待连接...");
        statusStrip1.Invoke(showProgress, 1);
        IAsyncResult result = tcpListener.BeginAcceptTcpClient(acceptcallback, tcpListener);
        //异步操作 1
        int i = 2;
        while (result.IsCompleted == false)
        {
            statusStrip1.Invoke(showProgress, i);
            i++;
            if (i == 100)
            {
                i = 0;
            }
            Thread.Sleep(30);
        }
    }
    //回调函数,用于处理客户进程的连接请求
    private void AcceptClientCallBack(IAsyncResult iar)
    {
        try
        {
            tcpListener = (TcpListener)iar.AsyncState;
            tcpClient = tcpListener.EndAcceptTcpClient(iar);
            statusStrip1.Invoke(showProgress, 100);
            if (tcpClient!= null)
            {
                statusStrip1.Invoke(showStatus, "接收了一个连接请求.");
                networkStream = tcpClient.GetStream();
                br = new BinaryReader(networkStream);
                bw = new BinaryWriter(networkStream);
```

```
            }
        }
        catch
        {
            statusStrip1.Invoke(showStatus, "停止侦听.");
            //间歇延时
            DateTime now = DateTime.Now;
            while (now.AddSeconds(1) > DateTime.Now) { }
            statusStrip1.Invoke(showProgress, 0);
            statusStrip1.Invoke(showStatus, "准备就绪");
        }
    }
    //接收消息
    private void ReceiveMessage()
    {
        statusStrip1.Invoke(showStatus, "接收中...");
        string receiveString = null;
        for (int i = 0; i < 5; i++)
        {
            try
            {
                IAsyncResult result = receiveMessageDelegate.BeginInvoke(out receiveString,
null, null);                                                                  //异步操作 2
                int j = 1;
                while (result.IsCompleted == false)
                {
                statusStrip1.Invoke(showProgress, j);
                j++;
                if (j == 5)
                {
                    j = 0;
                }
                Thread.Sleep(500);
            }
            receiveMessageDelegate.EndInvoke(out receiveString,result);
            statusStrip1.Invoke(showProgress, 5);
            if (receiveString!= null)
            {
                richTextBox1.Invoke(showMessage, receiveString);
            }
        }
        catch
        {
            DateTime now = DateTime.Now;                                      //间歇延时
            while (now.AddSeconds(2) > DateTime.Now) { }
            //重启一个线程等待接收新的请求
            Thread threadAccept = new Thread(AcceptClientConnect);
            threadAccept.Start();
            break;
        }
    }
```

```
        statusStrip1.Invoke(showStatus, "接收了" + 5 + "条消息.");
    }
    //发送消息
    private void SendMessage(object state)
    {
        statusStrip1.Invoke(showStatus, "正在发送...");
        for (int i = 0; i < 5; i++)
        {
            try
            {
                 IAsyncResult result = sendMessageDelegate.BeginInvoke(state.ToString(), null,
null);                                                                    //异步操作 3
                while (result.IsCompleted == false)
                {
                    Thread.Sleep(30);
                }
                sendMessageDelegate.EndInvoke(result);
                statusStrip1.Invoke(showProgress, i + 1);
            }
            catch
            {
                DateTime now = DateTime.Now;                              //间歇延时
                while (now.AddSeconds(2) > DateTime.Now) { }
                //重启一个线程等待接收新的请求
                Thread threadAccept = new Thread(AcceptClientConnect);
                threadAccept.Start();
                break;
            }
        }
        statusStrip1.Invoke(showStatus, "完毕");
        DateTime nowtime = DateTime.Now;                                  //间歇延时
        while (nowtime.AddSeconds(1) > DateTime.Now) { }
        statusStrip1.Invoke(showProgress, 0);
        textBox1.Invoke(resetText, null);
        }
```

3.2 基于同步 TCP 的网络聊天程序开发

3.2.1 功能介绍及界面设计

【例 3-3】 编写如图 3-4 所示的 Windows 程序。使用同步 TCP 编程，实现客户端与服务器端之间进行聊天。

1. 界面设计

在 VS 2010 中，新建两个(客户端和服务器端)Windows 应用程序，项目名分别是 TCP_Client 和 TCP_Server。

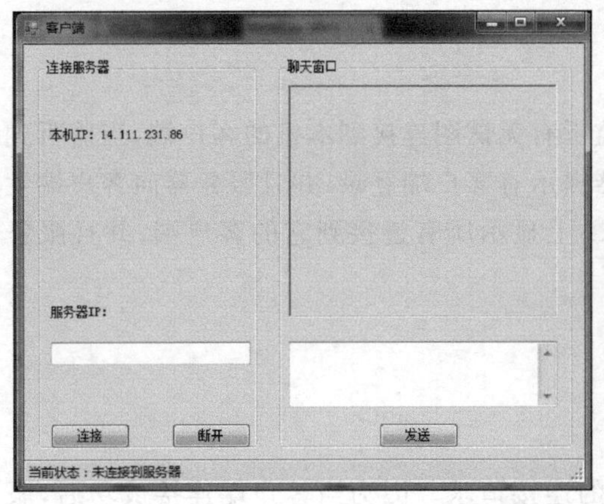

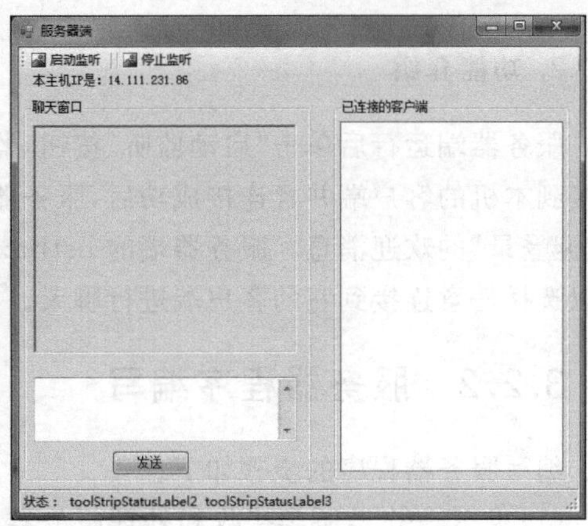

图 3-4 例 3-3 的主界面

程序上的控件描述如表 3-5 和表 3-6 所示。

表 3-5 客户端控件描述

名　称	控件类型	功能描述
Form1	Form	程序主窗体
groupBox1	GroupBox	存放连接操作的各个控件
label1	Label	显示本机 IP 地址
label2	Label	提示服务器输入 IP 地址
textBox2	TextBox	输入服务器 IP 地址
button2	Button	"连接"按钮
button3	Button	"断开"按钮
groupBox2	GroupBox	存放聊天操作的各个控件
richTextBox1	RichTextBox	显示聊天消息
textBox1	TextBox	需要发送的消息
button1	Button	"发送"按钮
statusStripLabel1	StatusStripLabel	显示当前状态
statusStrip1	StatusStrip	存放 statusStripLabel1 来显示当前状态

表 3-6 服务器端控件描述

名　称	控件类型	功能描述
Form1	Form	程序主窗体
toolStrip1	ToolStrip	存放"启动监听""停止监听"按钮
toolStrip1Button1	ToolStrip1Button	"启动监听"按钮
toolStrip1Button2	ToolStrip1Button	"停止监听"按钮
label1	Label	显示本机 IP 地址
richTextBox1	RichTextBox	显示聊天消息
textBox1	TextBox	需要发送的消息
button1	Button	"发送"按钮
groupBox2	GroupBox	存放聊天操作的各个控件
groupBox1	GroupBox	存放 listBox1
listBox1	ListBox	显示已连接到服务器端的所有主机
statusStrip1	StatusStrip	状态栏
statusStripLabel1	StatusStripLabel	显示文本状态
statusStripLabel2	StatusStripLabel	显示当前状态

2. 功能介绍

服务器端运行后单击“启动监听”按钮,监听有无试图连接到本机的客户端,当监听到有连接到本机的客户端并且连接成功后,服务器提示有客户端登录,并且服务器向客户端发送“欢迎登录”的欢迎消息。服务器端的 listBox1 上显示所有连接到它的客户端,并且服务器可以选择任意连接到它的客户端进行聊天。

3.2.2 服务器程序编写

编写服务器程序的步骤如下。

(1) 创建一个监听类接收和处理服务器的连接请求。因为当客户端连接成功后,服务器端要向客户端发送欢迎消息,所以服务器的监听类还必须处理向客户端发送欢迎消息这一任务。

监听类(Listener)的程序代码如下:

```
public class AddMessageEventArgs : EventArgs
{
    public string mess;                                         //存放要显示的内容
}
class Listener
{
    private Thread th;
    private TcpListener tcpl;
    public volatile bool listenerRun = true;                    //判断是否启动
    public event EventHandler<AddMessageEventArgs> OnAddMessage;
    public event EventHandler<AddMessageEventArgs> OnIpRemod;
    public Listener()
    {
    }
    //另一个线程开始监听
    public void StartListener()
    {
        th = new Thread(new ThreadStart(Listen));
        th.Start();
    }
    //停止监听
    public void Stop()
    {
        tcpl.Stop();
        th.Abort();
    }
    private void Listen()
    {
        try
        {
            IPAddress addr = new IPAddress(Dns.GetHostByName(Dns.GetHostName()).AddressList[0].
Address);
            IPEndPoint ipLocalEndPoint = new IPEndPoint(addr, 5656);
```

```
            tcpl = new TcpListener(ipLocalEndPoint);
            tcpl.Start();

            while (listenerRun)
            {
                Socket s = tcpl.AcceptSocket();
                string remote = s.RemoteEndPoint.ToString();
                Byte[] stream = new Byte[1024];
                int i = s.Receive(stream);
                string msg;
                #region
                string str = System.Text.Encoding.UTF8.GetString(stream);
                if (str.Substring(0, 1) == "1")
                {
                    string str_ = "欢迎登录!";
                    TcpClient tcpc = new TcpClient(((IPEndPoint)s.RemoteEndPoint).Address.
ToString(), 5657);
                    NetworkStream tcpStream = tcpc.GetStream();
                    Byte[] data = System.Text.Encoding.UTF8.GetBytes(str_);
                    tcpStream.Write(data, 0, data.Length);
                    tcpStream.Close();
                    tcpc.Close();
                    msg = "<" + remote  + ">" + "上线";
                    AddMessageEventArgs arg = new AddMessageEventArgs();
                    arg.mess = msg;
                    OnAddMessage(this, arg);
                }
                else if (str.Substring(0, 1) == "0")
                {
                    msg = "<" + remote + ">" + "断开";
                    AddMessageEventArgs argRe = new AddMessageEventArgs();
                    argRe.mess = remote.ToString();
                    OnIpRemod(this, argRe);
                    AddMessageEventArgs arg = new AddMessageEventArgs();
                    arg.mess = msg;
                    OnAddMessage(this, arg);
                }
                #endregion
                else
                {
                    msg = "<" + remote + ">" + System.Text.UTF8Encoding.UTF8.GetString(stream);
                    AddMessageEventArgs arg = new AddMessageEventArgs();
                    arg.mess = msg;
                    OnAddMessage(this, arg);
                }
            }
        }
        catch (System.Security.SecurityException)
        {
            MessageBox.Show("防火墙禁止连接");
```

```
            }
            catch (Exception)
            {
            }
        }
    }
```

(2) 服务器还要能够和客户端聊天,创建一个发送类用于向客户端发送聊天消息。

发送类(Sender)的程序代码如下:

```
class Sender
{
    private string obj; //目标主机
    public Sender(string str)
    {
        obj = str;
    }
    public void Send(string str/ * 需要发送的字符串 * /)
    {
        try
        {
            TcpClient tcpc = new TcpClient(obj, 5657);
            NetworkStream tcpStream = tcpc.GetStream();
            Byte[] data = System.Text.UTF8Encoding.UTF8.GetBytes(str);
            tcpStream.Write(data, 0, data.Length);
            tcpStream.Close();
            tcpc.Close();
        }
        catch (Exception)
        {
        MessageBox.Show("连接被目标主机拒绝");
    }
  }
}
```

(3) 在 Windows 窗体应用程序中,用户要有必要的输入和操作,所以在窗体类中也要能够实现相应的功能。

Windows 窗体类(Form)的程序代码如下:

```
public partial class Form1 : Form
{
    public Form1()
    {
        InitializeComponent();
    }
    public bool appRun = true;
    private Listener lis;                              //监听对象
    private Sender sen;                                //发送对象
    string netIp;
    string chatTo;
    string myip;
```

```
    IPAddress myscanip;
    //返回信息
    public void AddMessage(object sender, AddMessageEventArgs e)
    {
        string message = e.mess;
        string appendText;
        string[] sep = message.Split('>');
        string[] sepIp = sep[0].Split('<', ':');
        bool checkIp = true;
        for (int i = 0; i < listBox1.Items.Count; i++)
        {
        if (listBox1.Items[i].ToString() == sepIp[1])
            checkIp = false;
        }
        if (checkIp && sep[1]!= "断开")
        {
            this.listBox1.Items.Add(sepIp[1].Trim());
            chatTo = sepIp[1];
        }
        appendText = sep[0] + ">:" + System.DateTime.Now.ToString() + Environment.NewLine +
sep[1] + Environment.NewLine;
        int txtGetMsgLength = this.richTextBox1.Text.Length;
        this.richTextBox1.AppendText(appendText);
        this.richTextBox1.Select(txtGetMsgLength, appendText.Length - Environment.NewLine.
Length * 2 - sep[1].Length);
        this.richTextBox1.SelectionColor = Color.Red;
        this.richTextBox1.ScrollToCaret();
    }
    //下线
    public void IpRemo(object sender, AddMessageEventArgs e)
    {
        string[] sep = e.mess.Split(':');
        try
        {
            int index = 0;
            for (int i = 0; i < listBox1.Items.Count; i++)
            {
                if (listBox1.Items[i].ToString() == sep[0].ToString())
                {
                    index = i;
                    this.listBox1.Items.RemoveAt(index);
                }
            }

    }
    catch
    {
        MessageBox.Show("没有这个 IP");
    }
}
//启动监听
```

```
private void toolStripButton1_Click(object sender, EventArgs e)
{
    this.start_listen();
    this.toolStripStatusLabel2.Text = "监听已启动      ";
}
//停止监听
private void toolStripButton2_Click(object sender, EventArgs e)
{
    try
    {
        lis.listenerRun = false;
        lis.Stop();
        this.toolStripStatusLabel2.Text = "监听已停止      ";
    }
    catch (NullReferenceException)
    { }
}
private void Form1_Load(object sender, EventArgs e)
{
    System.Windows.Forms.Control.CheckForIllegalCrossThreadCalls = false;
    netIp = getNetId();//网关
    this.label1.Text = "本主机 IP 是:" + GetMyIpAddress();
}
//连接
private void start_listen()
{
    try
    {
        if (lis.listenerRun == true)
        {
            lis.listenerRun = false;
            lis.Stop();
        }
    }
    catch (NullReferenceException){}
    finally
    {
        lis = new Listener();
        lis.OnAddMessage += new EventHandler<AddMessageEventArgs>(this.AddMessage);
        lis.OnIpRemod  += new EventHandler<AddMessageEventArgs>(this.IpRemo);
        lis.StartListener();
    }
}
//获取网络号
string getNetId()
{
    string NetId;
    string ip = GetMyIpAddress();
    NetId = ip.Substring(0, ip.LastIndexOf(".") + 1);
    return NetId;
}
```

```
//获取本机 IP
private static string GetMyIpAddress()
{
    IPAddress addr = new System.Net.IPAddress(Dns.GetHostByName(Dns.GetHostName()).AddressList[0].
Address);
    return addr.ToString();
}
//发送
private void button1_Click(object sender, EventArgs e)
{
    if (listBox1.SelectedIndex < 0 && chatTo == "" && chatTo == null )
    {
        MessageBox.Show("请选择目标主机");
        return;
    }
    else if (textBox1.Text.Trim() == "")
    {
        MessageBox.Show("消息内容不能为空!", "错误");
        this.textBox1.Focus();
        return;
    }
    else
    {
        try
        {
            sen = new Sender(chatTo);
            sen.Send(textBox1.Text);
            string appendText;
             appendText = "Me:" + System.DateTime.Now.ToString() + Environment.NewLine + textBox1.
Text + Environment.NewLine;
            int txtGetMsgLength = this.richTextBox1.Text.Length;
            this.richTextBox1.AppendText(appendText);
            this.richTextBox1.Select(txtGetMsgLength,appendText.Length - Environment.NewLi
ne.Length * 2 - textBox1.Text.Length);
            this.richTextBox1.SelectionColor = Color.Blue;
            this.richTextBox1.ScrollToCaret();
        }
        catch
        { }
        this.textBox1.Text = "";
        this.textBox1.Focus();
    }
}
private void listBox1_MouseDoubleClick(object sender, MouseEventArgs e)
  {
    if (e.Clicks!= 0)
    {
        if (listBox1.SelectedItem!= null)
        {
            this.start_listen();
            chatTo = listBox1.SelectedItem.ToString();
```

```
            }
        }
    }
```

3.2.3 客户端程序编写

客户端与服务器端基本一样，都有相应的监听类来监听和接收服务器端发送过来的信息，也有相应的发送类向服务器发送消息还有相应的窗体类来处理用户的输入和操作。

客户端监听类(Listener)的程序代码如下：

```
public class AddMessageEventArgs : EventArgs
    {
        public string mess;                                          //存放要显示的内容
    }
    class Listener
    {
        private Thread th;
        private TcpListener tcpl;
        public volatile bool listenerRun = true;                     //是否启动
        public event EventHandler<AddMessageEventArgs> OnAddMessage;
        public Listener()
        {
        }
        //启动另一个线程开始监听
        public void StartListener()
        {
            th = new Thread(new ThreadStart(Listen));
            th.Start();
        }
        public void Stop()                                           //停止监听
        {
            tcpl.Stop();
            th.Abort();
        }
        private void Listen()
        {
            try
            {
                IPAddress addr = new IPAddress(Dns.GetHostByName(Dns.GetHostName()).AddressList[0].
Address);
                IPEndPoint ipLocalEndPoint = new IPEndPoint(addr, 5657);
                tcpl = new TcpListener(ipLocalEndPoint);
                tcpl.Start();
                while (listenerRun)
                {
                    Socket s = tcpl.AcceptSocket();
                    string remote = s.RemoteEndPoint.ToString();
                    Byte[] stream = new Byte[512];
                    int i = s.Receive(stream);
```

```
                    string msg = "<" + remote + ">" +  System.Text.UTF8Encoding.UTF8.GetStr
ing(stream);
                    AddMessageEventArgs arg = new AddMessageEventArgs();
                    arg.mess = msg;
                    OnAddMessage(this, arg);
                }
            }
            catch (System.Security.SecurityException)
            {
                MessageBox.Show("防火墙禁止连接");
            }
            catch (Exception)
            {
                MessageBox.Show("监听已经停止");
            }
        }
    }
```

发送类(Sender)的程序代码如下：

```
private string obj;                                                     //目标主机
public Sender(string str)
{
    obj = str;
}
public void Send(string str/ * 需要发送的字符串 * /)
{
    try
    {
        TcpClient tcpc = new TcpClient(obj, 5656);
        NetworkStream tcpStream = tcpc.GetStream();
      Byte[ ] = dataSystem.Text.UTF8Encoding.UTF8.GetBytes(str);
        tcpStream.Write(data, 0, data.Length);
        tcpStream.Close();
        tcpc.Close();
    }
    catch (Exception)
    {
        MessageBox.Show("连接被目标主机拒绝");
    }
}
```

窗体类(Form)的程序代码如下：

```
public partial class Form1 : Form
{
    public Form1()
    {
        InitializeComponent();
    }
    public bool appRun = true;
    private Listener lis;                                               //监听对象
```

```
    private Sender sen;                                             //发送对象
    string netIp;
    string chatTo;
    public void AddMessage(object sender, AddMessageEventArgs e)
    {
        string message = e.mess;
        string appendText;
        string[] sep = message.Split('>');
        appendText = sep[0] + ">:" + System.DateTime.Now.ToString() + Environment.NewLine +
sep[1] + Environment.NewLine;
        int txtGetMsgLength = this.richTextBox1.Text.Length;
        this.richTextBox1.AppendText(appendText);
        this.richTextBox1.Select(txtGetMsgLength, appendText.Length - Environment.NewLine.
Length * 2 - sep[1].Length);
        this.richTextBox1.SelectionColor = Color.Red;
        this.richTextBox1.ScrollToCaret();
    }
    private void Form1_Load(object sender, EventArgs e)
    {
    System.Windows.Forms.Control.CheckForIllegalCrossThreadCalls = false;
        netIp = getNetId();                                         //网关
        this.label1.Text = "本机 IP:" + GetMyIpAddress();
        start_listen();
    }
    //连接服务器
    private void button2_Click(object sender, EventArgs e)
    {
    if (textBox2.Text.Trim() == "")
    {
        MessageBox.Show("请输入主机号");
        return;
    }
    else
    {
        try
        {
            chatTo = textBox2.Text;
            TcpClient tcpc = new TcpClient(textBox2.Text, 5656);
            NetworkStream tcpStream = tcpc.GetStream();
            Byte[] data = System.Text.UTF8Encoding.UTF8.GetBytes("1");
            tcpStream.Write(data, 0, data.Length);
            tcpStream.Close();
            tcpc.Close();

            this.toolStripStatusLabel1.Text = "当前状态:已连接到服务器";
        }
        catch (SocketException)
        {
            MessageBox.Show("目标主机没有启动监听", "系统提示");
        }
    }
```

```
}
//断开连接
private void button3_Click(object sender, EventArgs e)
{
    try
    {
        sen = new Sender(chatTo);
        sen.Send("0");                                          //发送一个断开标志
        lis.listenerRun = false;
        lis.Stop();
        this.toolStripStatusLabel1.Text = "当前状态:与服务器断开连接";
    }
    catch (NullReferenceException)
    { }
}
private void button1_Click(object sender, EventArgs e)
{
    if (textBox2.Text.Trim() == "")
    {
        MessageBox.Show("请选择目标主机");
        return;
    }
    else if (textBox1.Text.Trim() == "")
    {
        MessageBox.Show("消息内容不能为空!", "错误");
        this.textBox1.Focus();
        return;
    }
    else
    {
        try
        {
        sen = new Sender(chatTo);
        sen.Send(textBox1.Text);
        string appendText;
        appendText = "Me:" + System.DateTime.Now.ToString() + Environment.NewLine + textBox1.
Text + Environment.NewLine;
        int txtGetMsgLength = this.richTextBox1.Text.Length;
        this.richTextBox1.AppendText(appendText);
        this.richTextBox1.Select(txtGetMsgLength, appendText.Length - Environment.NewLine.
Length * 2 - textBox2.Text.Length);
        this.richTextBox1.SelectionColor = Color.Blue;
        this.richTextBox1.ScrollToCaret();
    }
    catch
    { }
    this.textBox1.Text = "";
    this.textBox1.Focus();
  }
}
//连接方法
```

```
private void start_listen()
{
    try
    {
        if (lis.listenerRun == true)
        {
            lis.listenerRun = false;
            lis.Stop();
        }
    }
    catch (NullReferenceException)
    {
    }
    finally
    {
        lis = new Listener();
        lis.OnAddMessage += new EventHandler<AddMessageEventArgs>(this.AddMessage);
        lis.StartListener();
    }
}
//获取网络号
string getNetId()
{
    string netId;
    string ip = GetMyIpAddress();
    netId = ip.Substring(0, ip.LastIndexOf(".") + 1);
    return netId;
}
//获取本机 IP
private static string GetMyIpAddress()
{
    IPAddress addr = new System.Net.IPAddress(Dns.GetHostByName(Dns.GetHostName()).AddressList
[0].Address);
    return addr.ToString();
}
```

3.3 基于异步 TCP 的网络聊天程序开发

利用 TcpListener 和 TcpClient 类在同步方式下接收、发送数据以及监听客户端连接时，在操作没有完成之前一直处于阻塞状态，这在接收、发送数据量不大，或者操作用时较短的情况下是比较方便的。但是，对于执行时间较长的任务，如传送大文件等，使用同步操作就不太合适了，这种情况下，最好的办法是使用异步操作。

异步操作的最大优点是可以在一个操作没有完成之前同时进行其他的操作。.NET 框架提供了一种称为 AsyncCallback(异步回调)的委托，该委托允许启动异步的功能，并在条件具备时调用提供的回调方法(是一种在操作或活动完成时由委托自动调用的方法)，然后在这个方法中完成并结束未完成的工作。

3.3.1 异步程序编程方法

使用异步 TCP 应用编程时，除了套接字有对应的异步操作方式外，TcpListener 和 TcpClient 类也提供了异步操作的方法。

异步操作方式下，每个 Begin 方法都有一个匹配的 End 方法。在程序中利用 Begin 方法开始执行异步操作，然后由委托在条件具备时调用 End 方法完成并结束异步操作。

表 3-7 列出了 TcpListener、TcpClient 以及 Socket 提供的部分异步操作方法。

表 3-7 TcpListener、TcpClient 及 Socket 提供的部分异步操作方法

类	提供的方法	说 明
TcpListener	BeginAcceptTcpClient	开始一个异步操作接收一个传入的连接尝试
	EndAcceptTcpClient	异步接收传入的连接尝试，并创建新的 TcpClient 处理远程主机通信
TcpClient	BeginConnect	开始一个对远程主机连接的异步请求
	EndConnect	异步接收传入的连接尝试
Socket	BeginReceive	开始从连接的 Socket 中异步接收数据
	EndReceive	结束挂起的异步读取
	BeginSend	将数据异步发送到连接的 Socket
	EndSend	结束挂起的异步发送

1. AsyncCallback 委托

AsyncCallback 委托用于引用异步操作完成时调用的回调方法。在异步操作方式下，由于程序可以在启动异步操作后继续执行其他代码，因此必须有一种机制，以保证该异步操作完成时能及时通知调用者。这种机制可以通过 AsyncCallback 委托实现。

异步操作的每一个方法都有一个 Begin…方法和一个 End…方法，例如 BeginAcceptTcpClient 和 EndAcceptTcpClient。程序调用 Begin…方法时，系统会自动在线程池中创建对应的线程进行异步操作，从而保证调用方和被调用方同时执行；当线程池中的 Begin…方法执行完毕时，会自动通过 AsyncCallback 委托调用在 Begin…方法的参数中指定的回调方法。

回调方法是在程序中事先定义的，在回调方法中，通过 End…方法获取 Begin…方法的返回值和所有输入/输出参数，从而达到在异步操作方式下完成参数传递的目的。

2. BeginAcceptTcpClient 和 EndAcceptTcpClient 方法

BeginAcceptTcpClient 和 EndAcceptTcpClient 方法包含在 System. Net. Sockets 命名空间下的 TcpListener 类中。在异步 TCP 应用编程中，服务器端可以使用 TcpListener 类提供的 BeginAcceptTcpClient 方法接收新的客户端连接请求。在这个方法中，系统自动利用线程池创建需要的线程，并在操作完成时利用异步回调机制调用提供给它的方法，同时返回相应的状态参数。其方法原型为：

```
public IAsyncResult BeginAcceptTcpClient(AsyncCallback callback, Object state)
```

其中,参数 1 为 AsyncCallback 类型的委托;参数 2 为 Object 类型,用于将状态信息传递给委托提供的方法。例如:

```
AsyncCallback callback = new AsyncCallback(AcceptTcpClientCallback);
tcpListener.BeginAcceptTcpClient(callback, tcpListener);
```

程序执行 BeginAcceptTcpClient 方法后,立即在线程池中自动创建需要的线程,同时在自动创建的线程中监听客户端连接请求。一旦接收了客户端连接请求,就自动通过委托调用提供给委托的方法,并返回状态信息。这里将委托自动调用的方法命名为 AcceptTcpClientCallback,状态信息定义为 TcpListener 类型的实例 tcpListener。在程序中,定义该方法的格式为:

```
void AcceptTcpClientCallback( IAsyncResult ar)
{
    回调代码
}
```

方法中传递的参数只有一个,而且必须是 IAsyncResult 类型的接口,它表示异步操作的状态。由于定义了委托提供的方法(即 AcceptTcpClientCallback 方法),因此系统会自动将该状态信息从关联的 BeginAcceptTcpClient 方法传递到自定义的 AcceptTcpClientCallback 方法。注意,在回调代码中,必须调用 EndAcceptTcpClient 方法完成客户端连接。关键代码为:

```
void AcceptTcpClientCallback( IAsyncResult ar)
{
    …
    TcpListener myListener = (TcpListener)ar.AsyncState;
    TcpClient client = myListener.EndAcceptTcpClient(ar);
    …
}
```

程序执行 EndAcceptTcpClient 方法后,会自动完成客户端连接请求,并返回包含底层套接字的 TcpClient 对象,接下来就可以利用这个对象与客户端进行通信了。

默认情况下,程序执行 BeginAcceptTcpClient 方法后,在该方法返回状态信息之前,不会像同步 TCP 方式那样阻塞等待客户端连接,而是继续往下执行。如果希望在其返回状态信息之前阻塞当前线程的执行,可以调用 ManualResetEvent 对象的 WaitOne 方法。

3. BeginConnect 方法和 EndConnect 方法

BeginConnect 方法和 EndConnect 方法包含在命名空间 System. Net. Sockets 下的 TcpClient 类和 Socket 类中,这里只讨论 TcpClient 类中的方法。

在异步 TCP 应用编程中,BeginConnect 方法通过异步方式向远程主机发出连接请求。该方法有 3 种重载形式,方法原型为:

(1) public IAsyncResult BeginConnect(IPAddress address, int port, AsyncCallback requestCallback, Object state)

(2) Public IAsyncResult BeginConnect(IPAddress[] addresses, int port, AsyncCallback

requestCallback, Object state)

(3) public IAsyncResult BeginConnect(string host,int port,AsyncCallback requestCallback, Object state)

其中,address 为远程主机的 IPAddress 对象; port 为远程主机的端口号; requestCallback 为 AsyncCallback 类型的委托; state 为包含连接操作的相关信息,当操作完成时,此对象会被传递给 requestCallback 委托。

BeginConnect 方法在操作完成前不会阻塞,程序中调用 BeginConnect 方法时,系统会自动用独立的线程来执行该方法,直到与远程主机连接成功或抛出异常。如果在调用 BeginConnect 方法之后想阻塞当前线程,可以调用 ManualResetEvent 对象的 WaitOne 方法。

异步 BeginConnect 方法只有在调用了 EndConnect 方法之后才算执行完毕。因此,程序中需要在提供给 requestCallback 委托调用的方法中调用 TcpClient 对象的 EndConnect 方法。关键代码为:

```
…
AsyncCallback requestCallback = new AsyncCallback(RequestCallback);
tcpClient.BeginConnect(远程主机 IP 或域名,远程主机端口号, requestCallback, tcpClient);
…
void RequestCallback(IAsyncResult ar)
{
  …
  tcpClient = (TcpClient)ar.AsyncState;
  client.EndConnect(ar);
  …
}
```

在自定义的 RequestCallback 中,通过获取的状态信息得到新的 TcpClient 类型的对象,并调用 EndConnect 结束连接请求。

4. 发送数据

在异步 TCP 应用编程中,如果本机已经和远程主机建立连接,就可以用 System.Net.Sockets 命名空间下 NetworkStream 类中的 BeginWrite 方法发送数据。其方法原型为:

```
public override IAsyncResult BeginWrite(byte[ ] buffer, int offset, int size, AsyncCallback
callback, Object state)
```

其中,buffer 是一组 Byte 类型的值,用来存放要发送的数据; offset 用来存放发送的数据在发送缓冲区中的起始位置; size 用来存放发送数据的字节数; callback 是异步回调类型的委托; state 包含状态信息。

BeginWrite 方法用于向一个已经成功连接的套接字异步发送数据。程序中调用 BeginWrite 方法后,系统会自动在内部产生的单独执行的线程中发送数据。

使用 BeginWrite 方法异步发送数据,程序必须创建实现 AsyncCallback 委托的回调方法,并将其名称传递给 BeginWrite 方法。在 BeginWrite 方法中,传递的 state 参数必须至少包含 NetworkStream 对象。如果回调需要更多信息,则可以创建一个小型的类或结构,用于保存 NetworkStream 和其他所需的信息,并通过 state 参数将结构或类的实例传递给 BeginWrite 方法。

在回调方法中,必须调用 EndWrite 方法。程序调用 BeginWrite 后,系统自动使用单独的线程来执行指定的回调方法,并在 EndWrite 上一直处于阻塞状态,直到 NetworkStream 对象发送请求的字节数或引发异常。

5. 接收数据

与发送数据相似,如果本机已经和远程主机建立了连接,就可以用 System. Net. Sockets 命名空间下 NetworkStream 类中的 BeginRead 方法接收数据。其方法原型为:

public override IAsyncResult BeginRead (byte [ ] buffer, int offset, int size, AsyncCallback callback, Object state);

其中,buffer 为字节数组,存储从 NetworkStream 读取的数据; offset 为 buffer 中开始读取数据的位置; size 为从 NetworkStream 中读取的字节数; callback 为在 BeginRead 完成时执行的 AsyncCallback 委托; state 包含用户定义的任何附加数据的对象。

BeginRead 方法启动从传入网络缓冲区中异步读取数据的操作。调用 BeginRead 方法后,系统自动在单独的执行线程中接收数据。

在程序中,必须创建实现 AsyncCallback 委托的回调方法,并将其名称传递给 BeginRead 方法。state 参数必须至少包含 NetworkStream 对象。一般情况下,我们希望在回调方法中获得所接收的数据,因此应创建小型的类或结构来保存读取缓冲区以及其他任何有用的信息,并通过 state 参数将结构或类的实例传递给 BeginRead 方法。

在回调方法中,必须调用 EndRead 方法完成读取操作。系统执行 BeginRead 时,将一直等待直到数据接收完毕或者遇到错误,从而得到可用的字节数,然后自动使用一个单独的线程来执行指定的回调方法,并阻塞 EndRead 方法,直到所提供的 NetworkStream 对象将可用数据读取完毕,或者达到 size 参数指定的字节数。

6. EventWaitHandle 类

虽然我们可以利用异步操作并行完成一系列功能,但是现实中的很多工作是相互关联的,某些工作必须要等另一个工作完成后才能继续。这个问题就是异步操作中的同步问题。

EventWaitHandle 类用于在异步操作时控制线程间的同步,即控制一个或多个线程继续执行或者等待其他线程完成。考虑这样一种情况:假设有两个线程,一个是写线程,另一个是读线程,两个线程是并行运行的。下面是实现代码:

```
using System;
using System.Threading;
class Program
{
    private int n1, n2, n3;
    static void Main(string[] args)
    {
        Program p = new Program();
        Thread t0 = new Thread(new ThreadStart(p.WriteThread));
        Thread t1 = new Thread(new ThreadStart(p.ReadThread));
```

```
            t0.Start();
            t1.Start();
            Console.ReadLine();
        }
        private void WriteThread()
        {
            Console.WriteLine("t1");
            n1 = 1;
            n2 = 2;
            n3 = 3;
        }
        private void ReadThread()
        {
            Console.WriteLine("{0} + {1} + {2} = {3}", n1, n2, n3, n1 + n2 + n3);
        }
    }
```

运行这个程序,输出结果为:

```
t1
0 + 0 + 0 = 0
```

按照一般的思维逻辑,读线程执行的结果应该是 1＋2＋3＝6,可实际运行的结果却是 0＋0＋0＝0。显然读线程输出的内容是在写线程尚未写入新值之前得到的结果。如果把这个问题一般化,即某些工作是在线程内部完成的,同时启动多个线程后,我们无法准确判断线程内部处理这些工作的具体时间,而又希望保证一个线程完成某些工作后,另一个线程才能在这个基础上继续运行,最好的办法是什么呢?

这个问题实际上就是如何同步线程的问题。在 System.Threading 命名空间中,有一个 EventWaitHandle 类,它能够让操作系统通过发出信号完成多个线程之间的同步,需要同步的线程可以先阻塞当前线程,然后根据 Windows 操作系统发出的信号,决定是继续阻塞等待其他工作完成,还是不再等待而直接继续执行。

这里涉及的 EventWaitHandle 类提供的方法有以下几种。

(1) Reset 方法:将信号的状态设置为非终止状态,即不让操作系统发出信号,从而导致等待收到信号才能继续执行的线程阻塞。

(2) Set 方法:将事件状态设置为终止状态,这样等待的线程将会收到信号,从而继续执行而不再等待。

(3) WaitOne 方法:阻塞当前线程,等待操作系统为其发出信号,直到收到信号才解除阻塞。

操作系统发出信号的方式有两种:

(1) 发一个信号,使某个等待信号的线程解除阻塞,继续执行。

(2) 发一个信号,使所有等待信号的线程全部解除阻塞,继续执行。

这种机制类似于面试,所有等待的线程都是等待面试者,所有等待的面试者均自动在外面排队等待。操作系统让考官负责面试,考官事先告诉大家他发的信号“继续”有两个含义:一个是对某个等待面试者而言的,考官每次发信号“继续”,意思是只让一个面试者进去面试,其他面试者必须继续等待,至于谁进去,要看排队情况,一般是排在最前面的那个人进去，这种方式称为自动重置(AutoResetEvent)；另一个是对所有面试者而言的，考官每次发信号“继续”，意思是让所有正在门外等待的面试者全部进来面试，当然对不等待的面试者无效，这种方式称为手动重置(ManualResetEvent)。

为什么说“每次”发信号呢？因为不一定所有考生都在外面等待，可能有些考生没有等在门外，所以他这次发出的“继续”只能对等待的面试者起作用，也许他发出这个信号后，又有面试者到了门外，因此可能需要多次发出“继续”的信号。

考官也可以不发任何信号，这样所有正在等待的面试者只能一直等待。

程序员可以认为是控制考官和面试者的“管理员”，程序员既可以告诉考官“不要发信号”(调用 EventWaitHandle 的 Reset 方法)，也可以告诉考官“发信号”(调用 EventWaitHandle 的 Set 方法)，同时还可以决定面试者什么时候去参加面试(调用 EventWaitHandle 的 WaitOne 方法)。

利用 EventWaitHandle 类，可以将上面的代码修改为：

```
using System;
using System.Threading;
class Program
{
    private int n1, n2, n3;
    //将信号状态设置为非终止,使用手动重置
    EventWaitHandle myEventWaitHandle = new EventWaitHandle(false, EventResetMode.ManualReset);
    static void Main(string[] args)
    {
        Program p = new Program();
        Thread t0 = new Thread(new ThreadStart(p.WriteThread));
        Thread t1 = new Thread(new ThreadStart(p.ReadThread));
        t0.Start();
        t1.Start();
        Console.ReadLine();
    }
    private void WriteThread()
    {
        //允许其他需要等待的线程阻塞
        myEventWaitHandle.Reset();
        Console.WriteLine("t1");
        n1 = 1;
        n2 = 2;
        n3 = 3;
        //允许其他等待的线程继续
        myEventWaitHandle.Set();
    }
    private void ReadThread()
    {
        //阻塞当前线程,直到收到信号
        myEventWaitHandle.WaitOne();
        Console.WriteLine("{0} + {1} + {2} = {3}", n1, n2, n3, n1 + n2 + n3);
    }
}
```

程序中增加了一个 EventWaitHandle 类型的对象 myEventWaitHandle，在 WriteThread 线程开始时，首先让调用 WaitOne 方法的线程阻塞，然后继续执行该线程，当任务完成时，向所有调用 WaitOne 方法的线程发出可以继续执行的事件句柄信号。而 ReadThread 一开始就将自己阻塞了，当 WriteThread 执行 Set 方法后才继续往下执行，因此其 WriteLine 语句输出的结果为 1+2+3=6，达到了我们预期的效果。

在异步操作中，为了让具有先后关联关系的线程同步，即让其按照希望的顺序执行，均可以调用 EventWaitHandle 类提供的 Reset、Set 和 WaitOne 方法。

3.3.2 界面设计

【例 3-4】 编写如图 3-5 所示的 Windows 程序。使用异步 TCP 编程，实现客户端与服务器之间进行聊天。

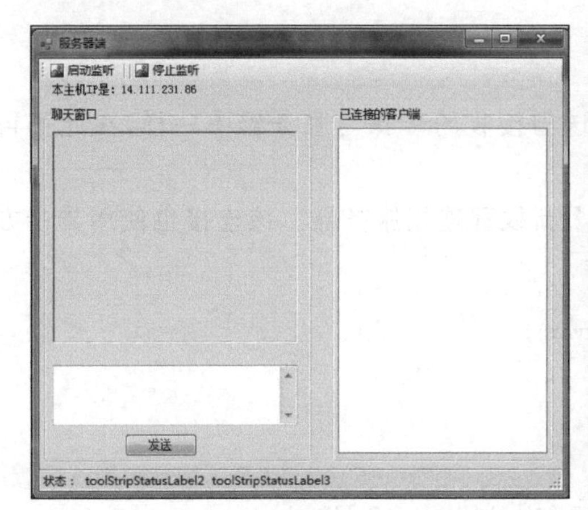

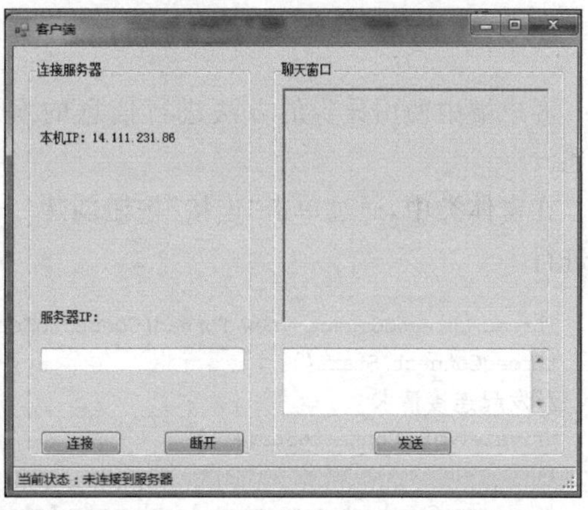

图 3-5 例 3-4 的主界面

这里的异步与同步采用了一样的界面设计，功能也完全相同，唯一的区别就是采用了异步的方法实现。

3.3.3 服务器端程序编写

编写异步服务器发送与接收信息的步骤如下：

(1) 在监听类中声明一个委托 ReceiveMessageDelegate 用来异步接收客户端的连接请求，并且写出相应的回调方法处理请求和消息。

```
//声明委托
private delegate void ReceiveMessageDelegate(out string receiveMessage);
private ReceiveMessageDelegate receiveMessageDelegate;
//创建委托对象
receiveMessageDelegate = new ReceiveMessageDelegate(AsyncRcvMsg);
//调用异步方法处理客户端发送过来的连接请求和信息
IAsyncResult result = receiveMessageDelegate.BeginInvoke(out receiveString, null, null);
receiveMessageDelegate.EndInvoke(out receiveString, result);
```

其中,AsyncRcvMsg 是回调方法,用来处理客户端的连接请求。

(2) 在发送类中声明一个委托 SendMessageDelegate 用来异步发送消息给客户端,并且写出相应的回调方法发送消息给客户端。

```
//声明委托
private delegate void SendMessageDelegate(string sendMessage);
private SendMessageDelegate sendMessageDelegate;
//创建委托对象
sendMessageDelegate = new SendMessageDelegate(AsyncSndMsg);
//调用异步方法向客户端发送数据
IAsyncResult result = sendMessageDelegate.BeginInvoke(str.ToString(), null, null);
sendMessageDelegate.EndInvoke(result);
```

其中,AsyncSndMsg 是回调方法,用来向客户端发送消息。

3.3.4 客户端程序编写

客户端中使用异步的方法进行信息的发送与接收的步骤与服务器中一样,在此不再赘述。

在窗体类中,通过单击"连接"按钮创建一个新线程连接服务器。该连接也使用异步方式进行。

```
Thread threadConnect = new Thread(ConnectoServer);
threadConnect.Start();
//发起连接请求
private void ConnectoServer()
{
    AsyncCallback requestcallback = new AsyncCallback(RequestCallBack);
    tcpClient = new TcpClient(AddressFamily.InterNetwork);
    //异步操作 1
    IAsyncResultresult = tcpClient.BeginConnect(
        IPAddress.Parse(textBox2.Text), 5656, requestcallback, tcpClient);
}
```

其中,RequestCallBack 是回调方法,用来向服务器端发起连接请求。

第4章 UDP网络程序开发

UDP(User Datagram Protocol,用户数据报协议)是简单的、面向数据报的无连接协议,它提供了快速但不一定可靠的传输服务。和TCP一样,UDP也是构建于IP之上的传输层协议。UDP工作与发手机短信相似,在通信前不需要连接,只要输入对方号码即可,无须考虑对方手机处于什么状态。

4.1 UDP程序开发的主要技术

UDP协议是Internet协议族中支持无连接的传输协议。UDP协议提供了一种方法来发送经过封装的IP数据报,与TCP不同,UDP无须建立连接就可以发送这些IP数据报。

4.1.1 UDP与TCP的区别与优势

UDP与TCP除了前者是无连接的,而后者是面向连接的之外,还具有以下不同和优势。

1. UDP的可靠性不如TCP

TCP协议包含专门的传递保证机制,当收到发送方发送的信息时,会向发送方发送确认消息,而发送方在接收到了这个确认消息后才会继续发送其他信息,否则会重传已发信息。UDP与TCP不同,UDP并没有这样的保证机制,所以就算发送方的数据在途中丢失,UDP协议本身也不会做出任何检测。因此,人们通常把UDP称为不可靠的传输协议。

2. UDP不能保证有序传输

对于数据的传输,UDP不能保证数据发送和接收顺序,所以有时在网络拥挤的情况下可能会出现乱序的问题。

3. UDP拥有比TCP更快的传输速度

由于UDP的传输不需要建立连接,也不需要确认,所以它的传输速度会比TCP快很多。这样,对于一些对可靠性要求不高,却强调传输速度的应用而言(如网络音视频播放、视频点播等),使用UDP不失为很好的选择。

4. UDP 有消息边界

UDP 把上层应用程序交下来的报文添加首部后直接交给 IP 层,既不拆分,也不合并,这样就保留了这些报文的边界。所以在使用 UDP 时,无须考虑边界问题,因此 UDP 在使用上比 TCP 简单。

5. UDP 可以一对多传输

由于 UDP 传输数据不需要建立连接,也不需要维持连接状态,所以一台服务器可以向多个客户机同时传递相同的消息。利用 UDP 的广播和组播功能可以同时向网上的所有客户发送消息,这一点也比 TCP 方便。

4.1.2 使用 UDP 类进行网络传输

.NET 库中的 UdpClient 类对基础 Socket 进行了封装,发送和接收数据时不必考虑底层套接字在收发时必须要处理的细节问题,在一定程度上降低了 UDP 编程的难度,提高了编程效率。

1. UdpClient 类

TCP 有 TcpListener 和 TcpClient 两个类,而 UDP 只有 UdpClient 一个类,位于 System.Net.Sockets 命名空间中。这是因为 UDP 是无连接的协议,所以只需要一种封装后的 Socket。

UdpClient 拥有 6 种重载的构造函数,对于 IPv4 来说,常用的重载形式有 4 种。

1) public UdpClient()

此构造函数创建一个新的 UdpClient 对象,并自动分配合适的本地 IPv4 地址和端口号,但该构造函数不执行套接字绑定。如果使用这种构造函数,在发送数据报之前,必须先调用 Connect 方法,而且只能将数据报发送到 Connect 方法建立的远程主机。用法如下:

```
UdpClient udpClient = new UdpClient();
udpClient.Connect("www.cqut.edu.cn",51666);                 //指定默认远程主机和端口号
Byte[] sendBytes = Encoding.Unicode.GetBytes("你好!");
udpClient.Send(sendBytes,sendBytes.Length);                 //发送给默认主机
```

2) public UdpClient(int port)

如果创建 UdpClient 对象只是为了发送数据报,则可以使用此构造函数,参数 port 为本地端口号。用法如下:

```
UdpClient sendUdpClient = new UdpClient(0);
```

端口号置为 0,表示让系统自动为其分配一个合适的端口号,这样就不会发生端口号冲突的情况,因此这种形式是创建 UdpClient 对象最方便、最简单的方式。

3) public UdpClient(IPEndPoint localEp)

如果创建 UdpClient 对象是用来接收远程主机发送到本地主机某个端口的数据报,则使用此构造函数比较合适。用法如下:

```
IPAddress localIp = Dns.GetHostAddress(Dns.GetHostName())[0];
IPEndPoint localIPEndPoint = new IPEndPoint(localIp,51666);
UdpClient udpClient = new UdpClient(localIPEndPoint);
```

其中,localIPEndPoint 是一个 IPEndPoint(网络端点)类型的对象实例,封装了本地的一个确定的端口号。这样一来,只要远程主机知道本地主机的 IP 地址,就可以直接向本机的指定端口发送数据报。

4) public UdpClient(string hostname, int port)

此构造函数创建一个新的 UdpClient 实例,并自动分配合适的本地 IP 地址和端口号,用于收发数据。函数中的参数分别为远程主机域名和端口号。用法如下:

```
UdpClient udpClient = new UdpClient("www.cqut.edu.cn",51666);
```

这种构造函数适用于向默认主机发送数据,或者只接收默认远程主机发来的数据,而其他主机发送来的数据报自动丢弃的场合。

2. UdpClient 类的常用方法和属性

表 4-1 列出了 UdpClient 类的常用方法和属性。

表 4-1 UdpClient 类的常用方法和属性

方法和属性	说 明
Send 方法	发送数据报
Receive 方法	接收数据报
BeginSend 方法	开始从连接的 Socket 中异步发送数据报
BeginReceive 方法	开始从连接的 Socket 中异步接收数据报
Cloce 方法	关闭 UDP 连接,并释放相关资源
EndSend 方法	结束挂起的异步发送数据报
EndReceive 方法	结束挂起的异步接收数据报
JoinMulticastGroup 方法	添加多地址发送,用于连接一个多组播
DropMulticastGroup 方法	除去多地址发送,断开与多组播连接
Active 属性	获取或者设定一个值,指示是否已建立默认远程主机
Client 属性	获取或设置基础套接字
EnableBroadcast 属性	是否接收或发送广播包

4.1.3 UDP 下的同步与异步通信

在同步通信方式下,实现通信主要是运用 UdpClient 对象的 Send 方法和 Receive 方法。

1. 同步通信

同步发送数据时,可以调用 UdpClient 对象的 Send 方法。该方法有 3 种不同的重载形式:

1) public int Send(byte[] data,int length,IPEndPoint iep)

该方法将 UDP 数据报发送到位于指定远程端点的主机。它的 3 个参数分别为发送的数据、希望发送的字节数、远程 IPEndPoint 对象。返回值为成功发送的字节数。用法如下。

```
private UdpClient sendUdpClient;
IPAddress remoteIp = Dns.GetHostAddress(Dns.GetHostName())[0];
IPEndPoint remoteIPEndPoint = new IPEndPoint(remoteIp,51666);
byte[] sendbytes = Encoding.Unicode.GetBytes("你好!");
UdpClient.Send(sendBytes,sendBytes.length,remoteIPEndPoint);
```

2) public int Send(byte[] data,int length,string hostname,int port)

该方法将 UDP 数据报发送到指定远程主机上的指定端口。它的 4 个参数分别为发送的数据、希望发送的字节数、远程主机名称和远程主机端口号。返回值为成功发送的字节数。用法如下:

```
UdpClient udpClient = new UdpClient();
byte[] sendbytes = Encoding.Unicode.GetBytes("hello!");
udpClient.Send(sendBytes,sendBytes.Length,"www.cqut.edu.cn",51666);
```

3) public int Send(byte[] data,int length)

该方法假定已经通过 Connect 方法指定了远程主机,因此只需要用 Send 方法指定发送的数据和希望发送的字节数即可。返回值为成功发送的字节数。用法如下:

```
UdpClient udpClient = new UdpClient("www.cqut.edu.cn",51666);
byte[] sendbytes = Encoding.Unicode.GetBytes("hello!");
udpClient.Send(sendBytes,sendBytes.Length);
```

同步接收数据可以用 UDP 的 Receive 方法来接收远程主机发过来的数据报。例如:

```
public byte[] Receive (ref IPEndPoint remoteEP)
```

其中唯一的参数 IPEndPoint 表示发送方的 IP 地址和端口号,该参数具体值由发送方填写。

2. 异步通信

如果任务执行的时间比较长,则采用异步通信的方式比较好。

1) 异步发送数据

UdpClient 类的每个同步方法都有与之对应的异步 BeginSend 和 EndSend 方法。所以,异步通信的 BeginSend 方法也有 3 种不同的重载形式:

(1) public int BeginSend(byte[] data,int length,IPEndPoint iep,AsyncCallback ac,Object obj)。

(2) public int BeginSend(byte[] data,int length,string hostname,int port,AsyncCallback ac,Object obj)。

(3) public int BeginSend(byte[] data,int length,AsyncCallback ac,Object obj)。

对比同步通信可以看出,对于每个 BeginSend 方法,除了与同步 Send 方法具有相同的参数外,每个方法又增加了两个参数:一个是 AsyncCallback 类型的委托,用于指定异步操作完成时调用的方法;另一个是 Object 类型的对象,用于将状态信息传递给回调方法。当不使用的时候,这两个新增的参数都可以置为 null。

下面以最常用的 BeginSend(byte[] data,int length,IPEndPoint iep,AsyncCallback ac,Object obj)为例,说明如何异步发送数据。

```
static void SendMessage(string server,string message)
{
  UdpClient udpClient = new UdpClient(server,51666);
  byte[] sendByte = Encoding.Unicode.GetBytes("hello!");
  //异步方式发送数据
IAsyncResultresult = udpClient.BeginSend(sendByte,sendByte.length,null,null);
  //在发送没有结束之前可以做一些其他的操作,这里以 Thread.Sleep(100)代替
  while(!result.IsCompleted)
  {
      Thread.Sleep(100);
  }
  int sendbytes = udpClient.EndSend(result);                //EndSend 方法进行资源回收
}
```

需要注意的是,在调用了 BeginSend 方法后,必须调用 UdpClient 对象的 EndSend 方法,本例中,返回了实际发送的字节数,并进行资源回收。

2) 异步接收数据

异步接收数据将用到与同步接收数据时所用的 Receive 方法相对应的 BeginReceive 方法。形式如下:

```
public IAsyncResult BeginReceive(AsyncCallback requestCallback,Object state);
```

下面将以此为例说明如何运行此方法。

```
private void ReceiveData()
{
    UdpClient receiveClient = new UdpClient(5656);           //指定本机 5656 端口号用于接收
    receiveClient.BeginReceive(newAsyncCallback(ReceiveUdpClientCallback),
        receiveClient);
}
//回调方法
void ReceiveUdpClient(IAsyncResult ar)
{
    UdpClient u = (UdpClient) ar.AsyncSate;
    IPEndPoint remote = null;
    Byte[] receiveBytes = u.EndReceive(ar,ref remote);
    String str = Encoding.UF8.GeString(receiveBytes,0,receiveBytes.Length);
}
```

4.2 UDP 的广播与组播程序开发

前面提到,UDP 有一个可以进行一对多数据传输的优势,这个优势主要用于本章节要介绍的广播和组播。

4.2.1 广播与组播的基本概念

TCP 协议虽然具有可靠性高、有序到达等优势，但它只支持一对一的传输，所以当需要进行大量的数据传送时，TCP 所表现出的性能就不如 UDP 了。UDP 不仅能够用于发送大量的数据，而且还能同时进行一对多的通信。

所谓广播，就是同时向子网中的所有主机发送信息。为了能让所有的主机都收到信息，发送的广播消息必须包含一个特殊的 IP 地址，这个 IP 地址的主机号的二进制表现形式全为 1。例如，子网掩码为 255.255.255.0，子网号为 192.168.0.0 的广播地址为 192.168.0.255。

广播消息地址分为两种类型：本地广播和全球广播。所谓本地广播，是向子网中的所有主机发送信息，而其他网络是不会收到这个信息的。而全球广播则使用 255.255.255.255 这个全球的广播地址作为 IP 地址向网络上的所有设备发送数据，由于路由器会自动过滤全球广播，所以 255.255.255.255 也就没有了实际的意义。

当然，广播技术也会遇到一些问题，例如，不是子网中的每个主机都希望收到你的广播数据，或者你想发送数据的几个对象位于不同的几个子网中，这时广播就有点力不从心了，可以用组播技术来解决这个问题。所谓组播，就是可以将消息从一台计算机发送到子网或者全网中选择的对象主机集合上，即发送到那些加入指定组播组的计算机上。组播组是开放的，每台计算机都可以通过程序随时加入到组播组中，也可以随时离开。

4.2.2 组播组的加入与退出

组播组是分享一个组播地址的一组设备，又称为多路广播组。和 IP 广播类似，IP 组播使用特殊的 IP 地址范围来表示不同的组播组。组播地址范围是 224.0.0.0～239.255.255.255 的 D 类 IP 地址。任何发送到组播地址的消息都会被发送到组内的所有成员设备上。大多数的组播是临时的，仅在有成员的时候才存在，用户创建一个新的组播组时，只需从地址范围内选出一个地址，然后为这个地址构造一个对象，就可以开始发送消息了。

使用组播时要注意 TTL(Time to live，生存周期)值的设置。TTL 是允许路由器转发的最大次数，默认情况下，TTL 的值为 1，如果使用默认值，则只能在子网内发送。

UdpClient 对象提供了一个 Ttl 属性，可以利用它修改 TTL 的值。用法如下：

```
UdpClient udpClient = new UdpClient();
udpClien.Ttl = 8;
```

该语句把 TTL 的值设置为 8，这样一来发送的组播消息最多可以经过 8 次的路由器转发，保障了组播消息能够发送到其他子网上的加入到该组播组的主机上。

1. 加入多路广播组

UdpClient 类提供了 JoinMulticastGroup 方法用于将 UdpClient 加入到使用指定 IPAddress 的多路广播组中。调用 JoinMulticaseGroup 方法后，Socket 会自动向路由器发送数据包，请求成为多路广播组成员。一旦成为组播组成员，就可以接收到该组播组的数据报。

JoinMulticastGroup 有两种常用的重载形式。

(1) JoinMulticastGroup(IPAddress multicastAddr)。用法如下：

```
UdpClient udpClient = new UdpClient(8001);
udpClient.JoinMulticastGroup(IPAddress.Parse("224.100.0.1"));
```

多路广播地址的范围是 224.0.0.1～239.255.255.254，如果指定的地址在此范围之外，或者所请求的路由器不支持多路广播组，则会抛出异常。

(2) JoinMulticastGroup(IPAddress multicastAddr, int timeToLive)。该方法还涉及 TTL 的运用。用法如下：

```
UdpClient udpClient = new UdpClient(8001);
udpClient.JoinMulticastGroup(IPAddress.Parse("224.100.0.1"),8);
```

其中，8 为 TTL 的值。

2. 退出多路广播组

广播组的退出用到了 UdpClient 对象的 DropMulticastGroup 方法。当 UdpClient 对象从组中收回后，将不能再接收到该组的数据报。用法如下：

```
udpClient.DropMulticastGroup(IPAddress.Parse("224.100.0.1"));
```

4.3 基于广播和组播的网络会议程序开发

通过 Internet 实现群发功能的形式有两种：一种是利用广播向子网中的所有用户发送信息，例如各种通知、公告、集体活动日程安排等；另一种是利用组播向 Internet 上不同的子网发送信息，例如集团向其所属的公司或用户子网发布信息公告等。

4.3.1 功能介绍及页面设计

【例 4-1】 编写如图 4-1 所示的 Windows 程序。

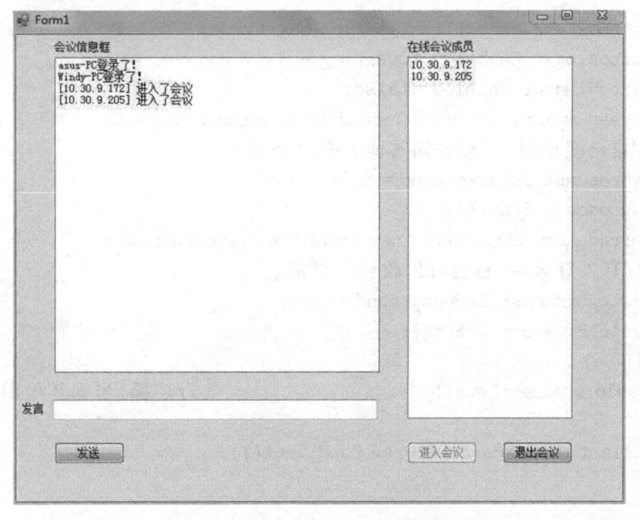

图 4-1 例 4-1 的主窗体

当双击程序运行时，程序会发送广播消息，告知其他用户自己登录了会议室。然后，当用户进入或者退出网络会议室时在“会议信息框”中会有提示；且用户单击“进入会议”按钮登录后，可以在“在线会议成员”列表中看到有哪些人在线，并可以发言。

登录的时候，用到了广播。进入会议、讨论聊天和更新成员列表则用到了组播。

4.3.2 程序实现代码

Form1.cs 代码如下：

```
//添加命名空间
using System.Net;
using System.Net.Sockets;
using System.Threading;
using System.IO;
using System.Drawing.Imaging;
using UDP.Properties;
namespace UDP
{
    public partial class Form1 : Form
    {
        private enum ListBoxOperation
        {
            AddItem, RemoveItem
        };
        //定义一个委托
        private delegate void SetListBoxItemCallback(ListBox listbox,string text,ListBoxOperation
operation);
        SetListBoxItemCallback listBoxCallback;
        //使用的 IP 地址
        private IPAddress broderCastIp = IPAddress.Parse("233.1.1.1");
        //使用的接收端口号
        private int port = 8300;
        private UdpClient udpClient;
        private void Form1_Load(object sender, EventArgs e)
        {
            listBoxMessage.HorizontalScrollbar = true;
            buttonlogin.Enabled = true;
            buttonlogout.Enabled = false;
            Thread mybroacast = new Thread(broacastNews);
            //自己登录时,广播告知其他人自己登录了
            mybroacast.IsBackground = true;
            mybroacast.Start();
            Thread listenBroacast = new Thread(ReceiveBroacast);
             //有人登录时,自己可以收到广播消息
            listenBroacast.IsBackground = true;
            listenBroacast.Start();
        }
      private void broacastNews()                               //广播,告知其他用户自己登录了
      {
          UdpClient mybroacastUDP = new UdpClient();
          try
          {
```

```
        string name = Dns.GetHostName();
        IPEndPoint ipEndPOint = new IPEndPoint(IPAddress.Broadcast,8003);
                                              //广播时用 8003 端口,区别于组播
        byte[] bytes = Encoding.UTF8.GetBytes(name + "登录了!");
        mybroacastUDP.Send(bytes, bytes.Length, ipEndPOint);
    }
    catch (Exception err)
    {
        MessageBox.Show(err.ToString());
    }
}
private void ReceiveBroacast()                //接收广播消息
{
    UdpClient uc = new UdpClient(8003);       //指定本机的 8003 端口接收广播消息
    IPEndPoint remotes = null;
    while (true)
    {
        try
        {
            byte[] databytes = uc.Receive(ref remotes);
            string str = Encoding.UTF8.GetString(databytes, 0,databytes.Length);
            listBoxMessage.Items.Add(str);
            //把收到的广播消息放到会议信息框中
        }
        catch
        {
            break;
        }
    }
}
public Form1()
{
    InitializeComponent();
    //将 SetListBoxItem 方法委托给 listBoxCallback 委托对象
    listBoxCallback = new SetListBoxItemCallback(SetListBoxItem);
}
private void SetListBoxItem(ListBox listbox, string text, ListBoxOperationoperation)
{
    if (listbox.InvokeRequired == true)
    {
        this.Invoke(listBoxCallback, listbox, text, operation);
    }
    else
    {
        if(operation == ListBoxOperation.AddItem)
        {
            if (listbox == listBoxAddress)
            {
                //如果对应的 listbox 中不存在 text 会议人员记录,则添加
                if (listbox.Items.Contains(text) == false)
                {
                    listbox.Items.Add(text);
                }
            }
```

```
                else                          //在"会议信息框"中提示会议人员登录或退出的信息
                {
                    listbox.Items.Add(text);
                }
                //完成一次操作之后,行数减 1
                listbox.SelectedIndex = listbox.Items.Count - 1;
                listbox.ClearSelected();
            }
            else if (operation == ListBoxOperation.RemoveItem)
            {
                //退出会议,删除相应信息
                listbox.Items.Remove(text);
            }
        }
    }
    private void SendMessage(IPAddress ip, string sendString)
    {
        UdpClient myUdpClient = new UdpClient();
        //必须使用组播地址范围内的地址
        IPEndPoint iep = new IPEndPoint(ip, port);
        //将发送内容转换为字节数组
        byte[] bytes = System.Text.Encoding.UTF8.GetBytes(sendString);
        try
        {
            //向子网发送信息
            myUdpClient.Send(bytes, bytes.Length, iep);
        }
        catch (Exception ex)
        {
            MessageBox.Show("发送失败: " + ex.ToString());
        }
        finally
        {
            myUdpClient.Close();
        }
    }
    private void ReceiveMessage()
    {
        udpClient = new UdpClient(port);
        //加入多路广播组
        udpClient.JoinMulticastGroup(broderCastIp);
        //设置可以经过 40 次路由器转发
        udpClient.Ttl = 40;
        IPEndPoint remote = null;
        while (true) //无限循环,一直处于"监听"状态
        {
            try
            {
                //关闭 udpClient 时此句产生异常
                byte[] bytes = udpClient.Receive(ref remote);
                string str = Encoding.UTF8.GetString(bytes, 0, bytes.Length);
                string[] splitString = str.Split(',');
                int s = splitString[0].Length;
               //splitString[0]的值为接收到的字符串 str 中"逗号"之前的字符串
```

```
                switch (splitString[0])
                {
                    case "Login":                   //进入会议
                        //在"会议信息框"中提示有人加入了会议讨论
                        SetListBoxItem(listBoxMessage, string.Format("[{0}]进入了会
议", remote.Address), ListBoxOperation.AddItem);
                        //在"在线会议成员"框中加入这个新加入的成员
                        SetListBoxItem ( listBoxAddress, remote. Address. ToString ( ),
ListBoxOperation.AddItem);
                        string userListString = "List," +
                            remote.Address.ToString();
                        for (int i = 0; i < listBoxAddress.Items.Count; i++)
                        {
                        //for 循环,让字符串 userListString 得到现在在线的所有会议人员
                        //的记录
                    userListString += "," +
                            listBoxAddress.Items[i].ToString();
                        }
                        SendMessage(remote.Address, userListString);
                        break;
                    case "List":                //新登录的人员可以将在线的所有会议人员
                                                    //记录添加到自己的"在线会议成员"框中
                        for (int i = 1; i < splitString.Length; i++)
                        {
                            SetListBoxItem(listBoxAddress, splitString[i],
                                ListBoxOperation.AddItem);
                        }
                        break;
                    case "Message":                 //发送内容
                        SetListBoxItem(listBoxMessage, string.Format("[{0}]说:{1}",
remote.Address, str.Substring(8)), ListBoxOperation.AddItem);
                        break;
                    case "Logout": //退出会议室
                        SetListBoxItem(listBoxMessage, string.Format("[{0}]退出了会
议.", remote. Address), ListBoxOperation. AddItem); SetListBoxItem ( listBoxAddress, remote.
Address.ToString(), ListBoxOperation.RemoveItem);
                    break;
                }
            }
            catch
            {
                break;                              //退出循环,结束线程
            }
        }
    }
    private void buttonSend_Click(object sender, EventArgs e)
    {
        //判断如果"发言"框不为空,则可以组播发送信息
        if (textBoxMessage.Text.Trim().Length > 0)
        {
            SendMessage(broderCastIp, "Message," + textBoxMessage.Text);
            textBoxMessage.Text = "";               //信息发送完毕后,清空"发言"框
        }
    }
```

```
        private void Form1_FormClosing(object sender, FormClosingEventArgs e)
        {
            if (buttonlogout.Enabled == true)
            {
                MessageBox.Show("请先离开会议室,然后再退出! ", "",MessageBoxButtons.OK,
MessageBoxIcon.Warning);
                e.Cancel = true;                    //不关闭窗体
            }
        }
        //单击"进入会议"按钮触发事件
        private void buttonlogin_Click(object sender, EventArgs e)
        {
            Cursor.Current = Cursors.WaitCursor;
            Thread myThread = new Thread(ReceiveMessage);
            myThread.Start();
            //当前线程睡眠一秒,将 CPU 权利让给 myThread 线程,让接收线程准备完毕
            Thread.Sleep(1000);
            SendMessage(broderCastIp,"Login");
            buttonlogin.Enabled = false;
            buttonlogout.Enabled = true;
            Cursor.Current = Cursors.Default;
        }
        //单击"退出会议"按钮触发事件
        private void buttonlogout_Click(object sender, EventArgs e)
        {
            Cursor.Current = Cursors.WaitCursor;
            SendMessage(broderCastIp, "Logout");
            udpClient.DropMulticastGroup(this.broderCastIp);
            //等待接收线程处理完毕
            Thread.Sleep(1000);
            //结束接收线程
            udpClient.Close();
            buttonlogin.Enabled = true;
            buttonlogout.Enabled = false;
            Cursor.Current = Cursors.Default;
            listBoxAddress.Items.Clear();           //清空数据
        }
    }
```

第5章 P2P网络程序开发

5.1 P2P基础知识

5.1.1 P2P的发展历程

P2P网络模型的产生，源于21世纪初的那场“互联网大爆炸”(指的是1999—2000年，全世界范围内的互联网突发性增长，以及在普通民众生活中极大普及的现象)和随之而来的人们对文件共享的迫切需求。

1999年，美国波士顿东北大学一年级学生肖恩·范宁(Shawn Fanning)，为了便于自己与室友共享MP3文件，开发出一个局域网音乐共享程序Napster，这就是世界上第一个应用型P2P软件。

5.1.2 P2P的架构

在P2P技术尚未风行之前，几乎所有的网络应用都是采用C/S架构或者B/S架构。在传统的C/S架构的应用程序中，客户端与服务器有明确的分界。客户端软件向服务器发出请求，服务器存放共享资源并对客户端请求做出响应。C/S架构如图5-1所示。

P2P架构与传统架构C/S不同，使用P2P技术实现的每个计算机节点既是客户端，也是服务器，其功能的提供是对等的，每个计算机节点根据自己的计算能力，同时承担了一部分服务器功能。P2P架构如图5-2所示。

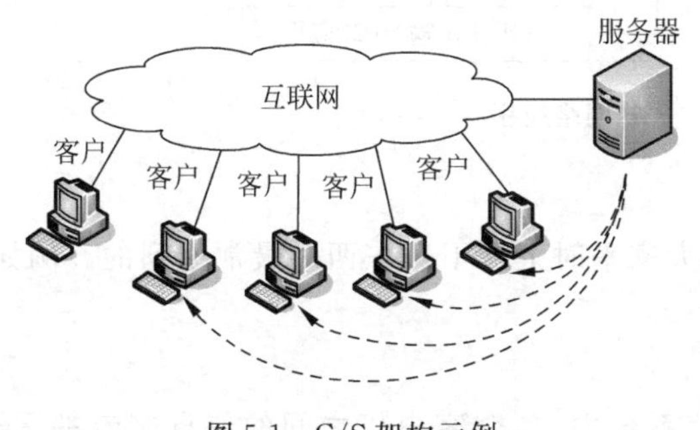

图5-1　C/S架构示例

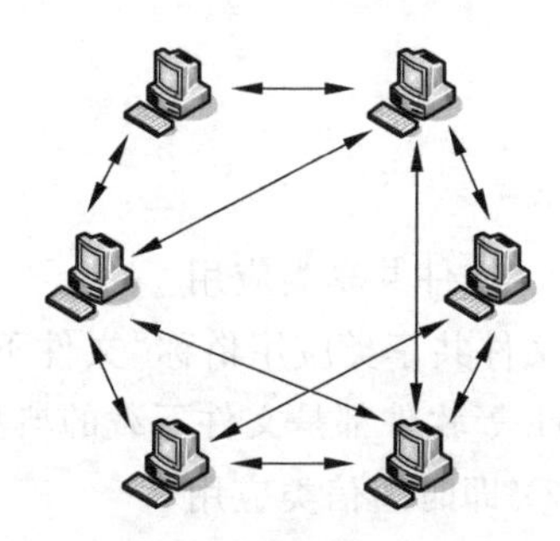
图5-2　P2P架构示例

1. P2P 架构的优越性

与 P2P 相比,传统 C/S 架构有以下缺点:

(1) 服务器负担过重。

(2) 系统稳健性和服务器关联过于紧密。

相对于 C/S 架构来说,P2P 具有以下特点:

(1) 对等模式。

(2) 网络资源分布式存储。

2. P2P 系统的分类

使用 P2P 方式架构的系统可以分为两大类:一类是单纯型 P2P,没有专用的服务器;另一类是混合型 P2P,即单纯型和专用服务器相结合的架构。

1) 单纯型 P2P 架构

单纯型 P2P 系统中的各个节点之间直接交互信息。这种方式的优点是不依赖于专用的服务器,任何一台计算机只要安装同一个 P2P 应用软件,就可以和其他安装这个软件的计算机直接通信。

2) 混合型 P2P 架构

混合型 P2P 将单纯型 P2P 和 C/S 架构相结合,它和传统 C/S 的区别在于:传统 C/S 架构的所有资源都存放在服务器中,所有的传递内容都经过服务器;而对于混合型 P2P 来说,此时的服务器仅仅起到促成各节点协调和扩展的作用,一般称这种服务器为索引服务器。在这种架构下,资源不是全部存储在服务器上,而是分布在各个计算机上。

3. 主流的 P2P 应用

依据技术实现上的差别,当前 P2P 网络应用大致可以分为文件共享类应用、即时通信类应用,多媒体传输类应用,如图 5-3 所示。

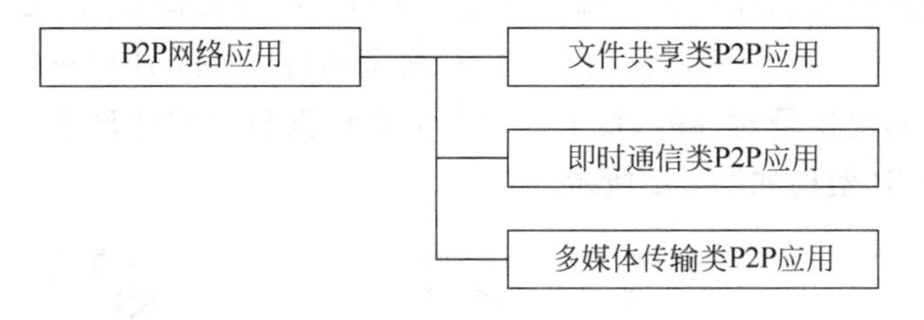

图 5-3 P2P 网络应用

1) 文件共享类应用

文件共享类应用俗称“文件下载”,是大家平时上网下载东西时最常用到的。例如,迅雷、BT 等软件都是文件下载的典型应用。

2) 即时通信类应用

在 P2P 架构出现之前,很多即时通信系统中,各个客户机之间的信息交流都需要通过服务器中转。P2P 架构出现以后,两个用户间可直接通信,从而大大减少了服务器的压力。

3）多媒体传输类应用

多媒体传输类应用也称“流媒体播放”，是近年来悄然兴起的 Internet 视频直播软件应用。

这类软件使用网状结构，支持多种格式的流媒体文件，节点间动态查找就近连接。

5.1.3 P2P 通信步骤

在所有的 P2P 应用中，对等节点首先必须能够彼此发现对方，一旦找到提供 P2P 服务的计算机节点，就可以直接与它通信。即 P2P 应用的通信由发现、连接和通信 3 个步骤组成。

1. 发现阶段

一台计算机要和另一台计算机通信，必须知道对方的 IP 地址和监听端口号。

2. 连接阶段和通信阶段

完成对等节点定位和资源搜索之后，就可以根据需要，选择 TCP、UDP 或者其他协议完成数据传输。如果选择 TCP，则首先需要在对等结点之间建立连接，而后利用该连接在对等结点之间传送数据；如果选择 UDP，则无须建立连接，直接在对等节点之间通信即可。

5.2 .NET 下的 P2P 程序开发

5.2.1 对等名称解析协议

对等名称解析协议（Peer Name Resolution Protocol，PNRP），完成对等名称的注册和解析。

1. 基本概念

1）对等节点名称和 PNRP ID

要实现 P2P 网络内的资源发现，必须能够准确地区分各个不同的资源，在 PRNP 协议中，将每个网络资源抽象为对等节点，并给每个对等节点取个名字，即对等节点名称。该名称由用户自定义的用于标识对等节点的字符串组成。

对等节点名称简称对等名，有安全的和不安全的两种形式。

对等名的格式为 Authority. Classifier。即每个对等名字符串都有一个 Authority 节，后面跟一个点号，然后是一个 Classifier 节。

Authrity 的值取决于该名称的安全类型。对于不安全的名称，Authority 为单字符“0”；而对于安全的名称，Authority 由 40 个十六进制字符构成。

Classifier 节用于用户自定义的标志对等节点的字符串，最大长度可以是 150 个 Unicode 字符。

为了解析方便，当向群中注册 P2P 对等名时，PNRP 根据对等名生成长度为 256 位的数字，即 PNRP ID。PNRP ID 由 P2P ID 和服务器地址信息两部分构成，格式规定如图 5-4 所示。

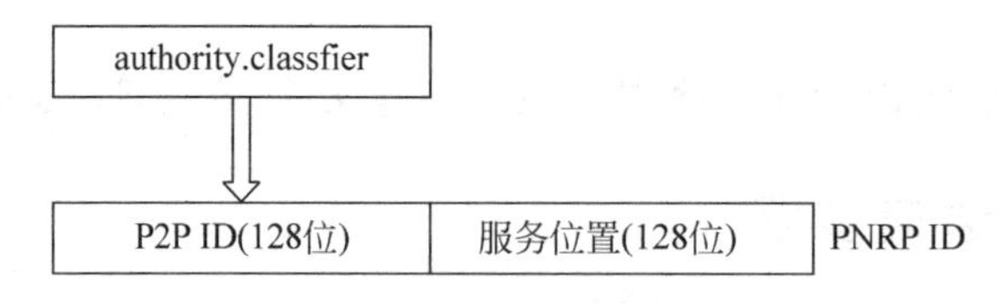

图 5-4 PNRP ID 格式规定

P2P ID：转换自对等名的 128 位数字标识符。

位置服务：由于任何节点都可以注册一个名称相同的不安全名称，因此 PNRP 规定每个 PNRP ID 中都生成一个由 128 位数字来区分相同群中相同 P2P ID 的不同实例。

2）云(Cloud)

安装了相同 P2P 软件的计算机必须加入一个共同的 P2P 网络中，才能相互识别各自拥有的资源并顺利进行 P2P 通信。PNRP 协议将这个 P2P 网络称为“云”。云是指一组可以通过 P2P 网络相互识别的对等节点及其上资源的集合。

PNRP 目前使用两种云：连接—本地云和全局云。全局云基于 IPv6 协议，并不支持 IPv4，整个 IPv6 互联网仅有一个全局云，代表 IPv6 互联网上的所有对等节点及其资源。

云有常见的 4 种状态。

(1) 活动状态：当云处于活动状态时，对等节点处于连接状态并且有其他对等节点注册到该云中。如果云处于活动状态，则可以随时注册和解析名称。

(2) 单独状态：当云处于单独状态时，云中除了自身之外没有其他 PNRP 对等节点。如果链接—本地云中仅有自身一个对等节点，则云处于单独状态。如果全局云处于单独状态，则表示没有连接上种子服务器，这时需要检查是否有防火墙阻止了上行请求数据包。

(3) 虚拟状态：如果云创建之后，长时间没有使用或者从未使用，则云将从活动或单独状态转为虚拟状态。

(4) 正在同步：当准备启动但是尚未启动成功时，云会暂时处于正在同步状态。这种状态属于暂态。

2. 名称注册

任何资源若要被网络上的其他主机识别到，首先必须注册到 P2P 网络。名称注册就是将包含对等节点信息的对等名发布到云中，以便其他对等节点解析。

命令格式：`add registration peerName[cloud][comment]`

参数说明：

(1) peerName：PNRP 对等名称。

(2) cloud：可选参数，PNRP 名称所属云，如不指定则注册到所有可用云中。

(3) Comment：可选参数，备注信息。

3. 名称解析

名称解析是指利用对等名称获取注册到云中的资源所在对等节点的 IP 地址和端口号

的过程。

命令格式：resolve peerName cloudName

参数说明：

(1) peerName：要解析的 PNRP 名称。

(2) cloudName：可选参数，PNRP 名称所属云，如不指定则在所有可用云中查找。

4. PNRP 名称解析的基本过程

PNRP 中没有使用索引服务器，为了完成解析，云中的每个对等节点都存储一些 PNRP ID 的缓存条目。PNRP 缓存中的每个条目都含有 PNRP ID 及应用程序的 IP 地址和端口号。名称解析时，首先在本地计算机对等节点的缓存中查找目标节点，如果没有则在缓存中的邻近节点查找，依此类推，直到找到目标节点。PNRP 名称解析过程如图 5-5 所示。

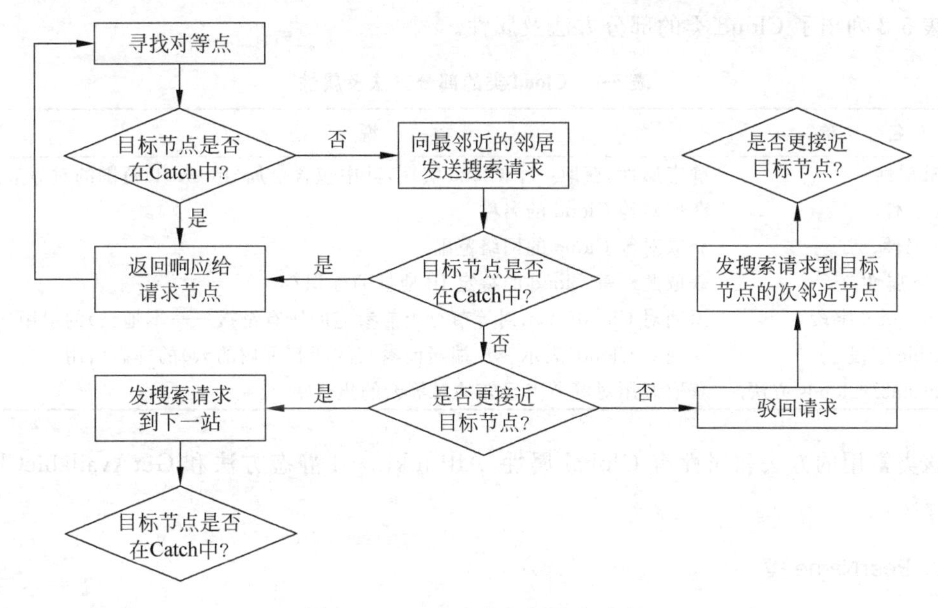

图 5-5 PNRP 名称解析基本过程

5.2.2 PeerToPeer 命名空间

System. Net. PeerToPeer 命名空间中提供了支持 PNRP 的基本类，通过这些类，编程人员可以方便地实现对等名称的注册，还可以将对等名称解析为 IP 地址和端口号。. NET Framework 3. 5 中还增加了能够方便实现 PNRP 的类，所以要确保使用 3. 5 及其以上版本。表 5-1 列出了 System. Net. PeerToPeer 命名空间中的常用类。

表 5-1 System. Net. PeerToPeer 命名空间中的常用类

类　名	说　明
Peer 类	表示远程对等节点
Cloud 类	用来定义云对象的值，利用该类可以查看本机参与的所有云信息

续表

类　　名	说　　明
PeerName 类	指定用来定义对等节点的相关值
PeerNameRecord 类	PeerNameRecord 包含在解析过程查询的 Cloud 或多个云中注册的 PeerName 的所有信息
PeerNameRecordCollaboration 类	表示 PeerNameRecord 元素的容器
PeerNameRegisteration 类	在一个 Cloud 或一组云中注册 PeerName
PeerNameResolver 类	指定使用 PNRP 命名空间提供的 API 将 PeerName 解析为 PeerNameRecord 的值

1. Cloud 类

表 5-2 列出了 Cloud 类的部分方法及属性。

表 5-2　Cloud 类的部分方法及属性

名　　称	说　　明
Global 属性	静态属性,获取一个 Cloud 实例,其中包含全局(Internet)范围的对等节点
Name 属性	获取对等 Cloud 的名称
Scope 属性	获取对等 Cloud 的网络范围
ScopeId 属性	获取此对等 Cloud 的特定 IP 地址的标识符
AllLinkLocal 字段	返回对 Cloud(表示对等节点当前参与的所有链接——本地云)的引用
Available 字段	返回对 Cloud(表示客户端当前参与的所有可用的云)的静态引用
GetAvailableClouds 方法	获取调用对等节点已知的对等云的集合

该类常用的方法和属性有 Global 属性、AllLinkLocal 静态方法和 GetAvailableClouds 静态方法。

2. PeerName 类

在进行注册之前,需要指定用于标识对等节点的字符串,即对等节点名称。使用 PeerName 类包装对等名称,生成对等名称实例对象。表 5-3 列出了 PeerName 类的常用方法及属性。

表 5-3　PeerName 类的常用方法及属性

名　　称	说　　明
PeerName(String)	使用提供的完全限定对等名称 String 值初始化 PeerName 类型的新对象
PeerName(String, PeerNameType)	初始化 PeerName 类的新实例
Authority	返回一个字符串,该字符串指定此 PeerName 对象使用的 Authority
Classifier	返回一个字符串,其中包含对等 PeerName 的分类器
IsSecured	获取一个布尔值,该值指定这是否为一个安全的对等名称
PeerHostName	获取对等主机的名称。这是 DNS 编码版本的 PeerName,它相当于 PeerHostName,因为它们都是标识符。二者之间的不同之处在于可视化表示形式

3. PeerNameRegisteration 类

创建 PeerName 对象后,需要将该对等名称实例注册到指定的云中。PeerNameRegisteration 类提供了注册对等名的方法。可以通过设定 PeerNameRegisteration 对象的相关属性将对等名称实例和 IP 地址、端口号相关联,同时也可以根据需要为对等名称设置备注和其他信息。表 5-4 列出了 PeerNameRegisteration 类的常用属性和方法。

表 5-4 PeerNameRegisteration 类的常用属性和方法

名 称	说 明
Cloud 属性	获取或设置要在其中注册 PeerName 对象的 Cloud 信息
Comment 属性	获取或设置将要在 Cloud 中注册的 PeerName 对象的其他信息
Data 属性	获取或设置 PeerNameRegistration 对象的应用程序定义的二进制数据
EndPointCollection 属性	获取为其注册关联对等名称的网络终结点的集合
PeerName 属性	获取或设置要向对等群注册的对等名称
Port 属性	获取或设置正在 PeerNameRegistration 对象中注册的对等节点使用的 TCP/IP 端口号
UseAutoEndPointSelection 属性	获取或设置一个值,该值指定当遍历对等网络或 Cloud 时是否使用自动终结点选择
Start 方法	启动注册
Stop 方法	停止注册

4. PeerNameRecord 类

PeerNameRecord 类包含注册时指定的对等节点名称、端口号、备注和其他信息。表 5-5列出了 PeerNameRecord 类的部分常用属性。

表 5-5 PeerNameRecord 类的部分常用属性

名 称	说 明
Comment 属性	获取或设置有关 PeerNameRecord 对象的其他信息
Data 属性	获取或设置 PeerNameRecord 对象的应用程序的二进制数据
EndPointCollection 属性	获取 PeerEndPointCollection 对象,该对象包含可供与此 PeerNameRecord 对象关联的对等节点使用的所有终结点
PeerName 属性	获取或设置此 PeerNameRecord 对象中的 PeerName。对等名称是用于标识对等资源的字符串

5. PeerNameResolver 类

PeerNameResolver 类提供了将 PeerName 解析成一组 PeerNameRecord 对象的方法,还提供了同步及基于事件的异步解析方法。

调用 PeerNameResover 对象的同步 Resolve 方法将返回包含端点信息的 PeerNameResover 集合对象。方法原型如下:

```
PublicPeerNameResoverCollection Resolve(Peername peerName)
```

其中,参数 peerName 为待解析的 PeerName 对象,返回值为 PeerNameRecord 集合。

5.3 P2P 资源注册与发现程序开发

一个完整的 P2P 网络应用的运行一般由发现、连接和通信 3 个阶段组成。其中,连接和通信阶段程序的运作原理与普通的 TCP 或 UDP 进程通信完全相同。本章内容是 P2P 编程的基础部分,所以侧重于讲解 P2P 本身的工作原理。

5.3.1 P2P 资源发现过程

互联网上的某个资源要被网上其他计算机共同分享,一般来说要经历资源发布和资源发现两个阶段。

资源发布是资源所有者向 P2P 网络云中注册资源的过程,它分为 3 个步骤:

1) 设置关联

为了让 P2P 网络中的其他对等主机能够正确地定位资源所在宿主机的地址,在进行对等名注册时,要将 PeerName 对象和 IPEndPoint 对象关联,并设定必要的备注信息。例如:

```
PeerName peerName = new PeerName(MyPeerName, PeerNameType.Unsecured);
//以 PeerName 创建 PeerNameRegisteration 对象
peerNameRegistration = new PeerNameRegistration(peerName,port);
//设定 PNRP Peer Name 的其他描述信息
peerNameRegistration.Comment = "Peer Name 其他信息";
//设定 PeerNameRegisteration 的 Data 描述信息
peerNameRegistration.Data = Encoding.UTF8.GetBytes(String.Format("描述信息,注册时间{0}",
DateTime.Now.ToString()));
```

2) 加入指定云

在 PNRP 中,云定义了名称的解析范围。注册时可以通过设置 PeerNameRegisteration 对象的 Cloud 属性,将对等名称注册到指定云;如果不设置,则默认注册到所有可用云中。

IPv6 支持全局云,IPv4 不支持。下面代码将对等名注册到全局云:

```
peerNameRegistration.Cloud = Cloud.Global;
```

3) 完成注册

调用 PeerNameRegistration 对象的 Start 方法即可将对等名称注册到指定的云中。例如:

```
peerNameRegistration.Start();
```

当资源所有者以某个特定的名称向云中发布了自己的资源后,云中其他 P2P 对等节点就都可以用此名称寻找这个资源。寻找资源的过程就是解析某个对等名称的过程,又称为“资源发现”。它是 P2P 应用得以最终实现的关键技术。

下面的代码在当前计算机所有可用云中寻找对等名称为“0.peerName”的所有资源,并显示每个资源所在的对等节点使用的端点:

```
//建立 PeerName 实例
PeerName peerName = new PeerName("0.peerName");
//建立 PeerNameResolver 实例
PeerNameResolver resolver = new PeerNameResolver();
//对 PNRP PeerName 进行解析
PeerNameRecordCollection collection = resolver.Resolve(peerName);
foreach(PeerNameRecord record in collection)
{
    foreach(IPEndPoint iep in record.EndPointCollection)
    {
        Console.WriteLine(iep);
    }
}
```

只要知道了资源所在对等节点的端点，就可以与对方建立连接，获取所需资源，之后的过程实质上也就是普通的 TCP 或 UDP 通信过程。

5.3.2 P2P 资源注册程序开发

【例 5-1】 编写一个 Windows 程序，实现 P2P 资源的注册和撤销。

1. 界面设计

"P2P 资源注册"程序界面如图 5-6 所示。

在程序运行时，会自动获取本机的 IP 地址并随即产生一个 10 000～12 500 的端口。当用户要发布资源时，在"资源名"栏中填写资源的名字，单击"注册"按钮就会把资源注册到 P2P 网络中。可以在"分享列表"中看到自己注册的资源。选中资源名，单击"撤销"按钮，就会在 P2P 网络中撤销所选的资源名。表 5-6 列出了程序界面中的控件属性。

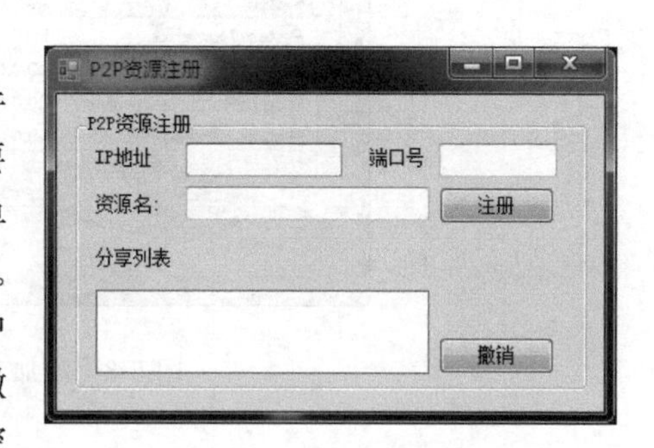

图 5-6 "P2P 资源注册"程序界面

表 5-6 程序界面中的控件属性描述

名　称	控件类型	功能描述
FormP2PResDiscvery	Form	程序主窗体
TexBoxLocalIp	TextBox	本地 IP
TexBoxLocalPort	TextBox	本地端口号
TexBoxResName	TextBox	编辑资源名
ButtRegister	Button	"注册"按钮
ButtRevoke	Button	"撤销"按钮
ShareList	Listbox	已注册资源列表

2. 添加命名空间

(1) 在 VS 2010 环境的“解决方案资源管理器”窗口的目录树中右击“引用”,选择“添加引用”命令,如图 5.7 所示。

(2) 在系统弹出的“添加引用”对话框的“.NET”选项卡列表中,选择组件名称为 System. Net 的条目,单击“确定”按钮,如图 5-8 所示。

展开“解决方案资源管理器”窗口目录树中的“引用”节点,对比之前该节点的目录项,发现多了一项 System. Net,说明该命名空间添加成功,如图 5-9 所示。

图 5-7 添加引用

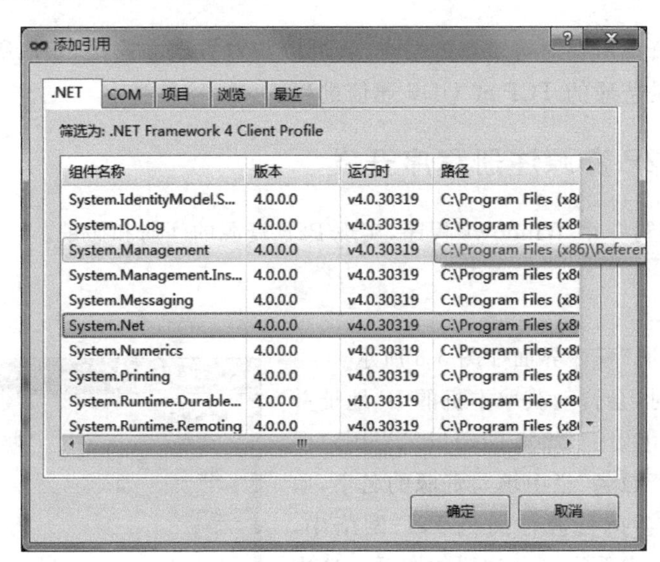

图 5-8 添加 System. Net 命名空间

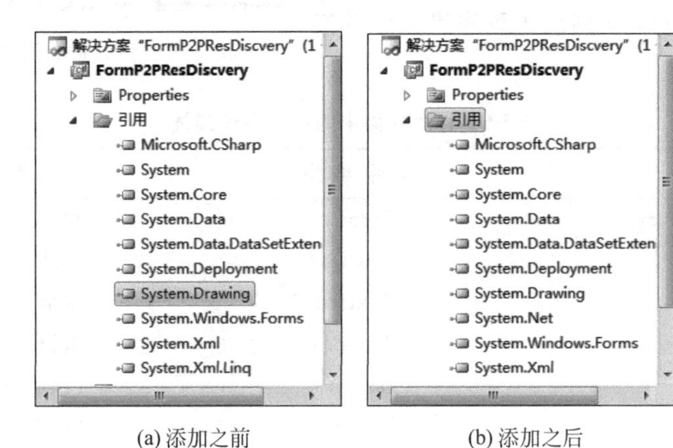

(a) 添加之前　　(b) 添加之后

图 5-9 成功添加 System. Net 引用

3. 程序设计

根据前面介绍的P2P资源注册原理，编写P2P资源注册程序，代码如下：

```
//添加的命名空间引用
using System.Net;
using System.Net.PeerToPeer;
using System.Net.Sockets;
namespace P2P
{
    publicpartialclassP2P资源发现 : Form
    {
        int Count = 0;                                    //分享的资源数
    PeerNameRegistration[] PeerNameRegister = newPeerNameRegistration[50];
                                                          //最多能注册50个资源
        public P2P资源发现()
        {
            InitializeComponent();
        }
        privatevoid FormP2PResDiscvery_Load(object sender, EventArgs e)
        {
            //获取本机IP地址
            IPAddress myip = newSystem.Net.IPAddress(
            Dns.GetHostByName(Dns.GetHostName()).AddressList[0].Address);
            //显示IP地址
            TexBoxLocalIp.Text = myip.ToString();
            //设置端口号,端口号随即产生
            int port = newRandom().Next(10000,15000);
            //显示使用的端口号
            TexBoxLocalPort.Text = port.ToString();
        }
        privatevoid ButtRegister_Click(object sender, EventArgs e)
        {
            //如果未填写资源名
            if(TexBoxResName.Text == "")
            {
                MessageBox.Show("请填写资源名");
                return;
            }
            //将资源名注册到云中
            //创建非安全类型的PeerName对象
            PeerName peername = newPeerName(TexBoxResName.Text,PeerNameType.Unsecured);
            //用指定的名称和端口号初始化PeerNameRegistration类的新实例
            PeerNameRegister[Count] = newPeerNameRegistration(peername,Convert.ToInt32
(TexBoxLocalPort.Text));
            PeerNameRegister[Count].Comment = peername.ToString();
            PeerNameRegister[Count].Data = Encoding.UTF8.GetBytes(String.Format("{0}",
DateTime.Now.ToString()));
            //因为IPv4不支持全局云,所以默认使用默认云,不需要进行设置
            //完成注册
```

```
                PeerNameRegister[Count].Start();
                Count++;
                //向分享列表中添加分享的资源
                ShareList.Items.Add(peername.ToString());
            }
            privatevoid ButtRevoke_Click(object sender, EventArgs e)
            {
                //没有分享资源
                if (Count == 0)
                {
                    return;
                }
                //没有选中要撤销的资源
                int index = ShareList.SelectedIndex;
                if(index ==-1)
                {
                    MessageBox.Show("请选择要撤销的资源!");
                    return;
                }
                //撤销分享的资源
                for (int i = 0; i < Count; i++)
                {
                if (PeerNameRegister[i].Comment == ShareList.Text.ToString())
                    {
                        PeerNameRegister[i].Stop();
                        ShareList.Items.RemoveAt(index);
                        break;
                    }
                }
            }
        }
    }
```

4. 注册资源

程序运行后可得到如图 5-10 所示的界面，在“资源名”栏中分别编辑“变形金刚 1”“变形金刚 2”和“023”，单击“注册”按钮，可以得到如图 5-11 所示的结果，在“分享列表”中可以看到这 3 个已经注册的资源名。选中“变形金刚 2”，如图 5-12 所示，单击“撤销”按钮，则在“分享列表”中“变形金刚 2”消失，如图 5-13 所示。

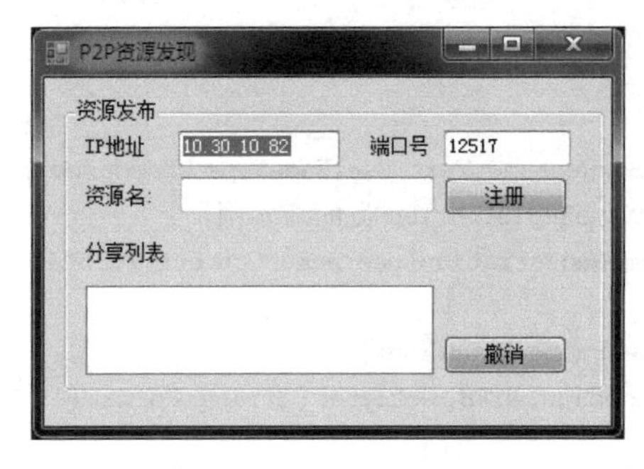

图 5-10 运行程序界面

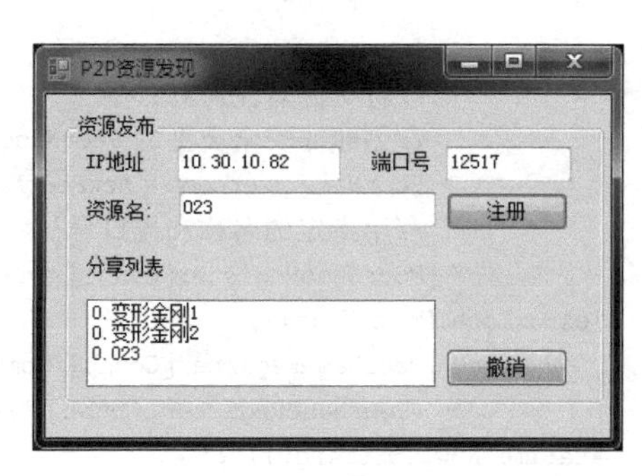

图 5-11 注册资源

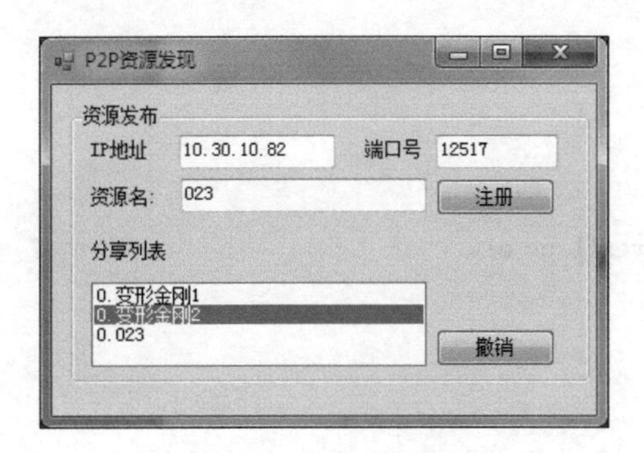

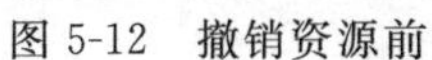
图 5-12 撤销资源前

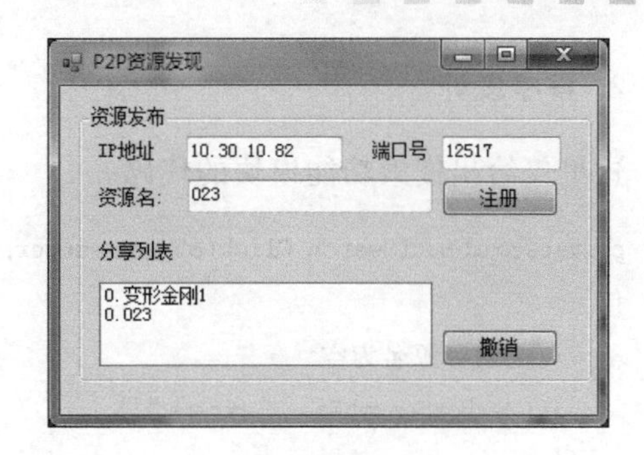

图 5-13 撤销资源后

5.3.3 P2P 资源发现程序开发

【例 5-2】 编写一个基于例 5-1 的 Windows 程序，实现 P2P 资源发现。

1. 界面设计

为了便于演示资源的发现，本例将在例 5-1 的基础上添加一个资源发现的功能。界面如图 5-14 所示。

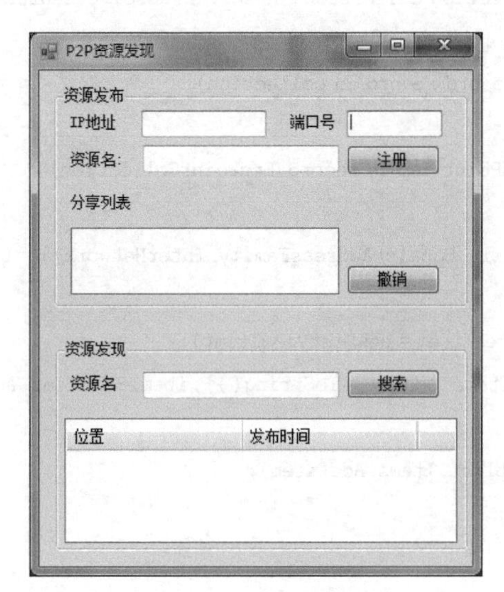

图 5-14 程序界面

资源发现就是根据资源名搜索资源。在图 5-14 的“资源名”中编辑资源名称，单击“搜索”按钮，就可以对相应资源进行搜索，搜索结果在下面的表中显示出来。表 5-7 列出了部分控件的属性。

表 5-7 程序界面部分控件属性

名　称	控件类型	功能描述
TexBoxSearchName	TextBox	编辑资源名
ButtSearch	Button	搜索
ViewResultlist	ListView	显示搜索结果

2. 程序设计

这里仅给出搜索功能模块的代码。

```
privatevoid ButtSearch_Click(object sender, EventArgs e)
{
    //搜索资源名为空
    if(TexBoxSearchName.Text == "")
    {
        MessageBox.Show("请输入搜索的资源名字");
        return;
    }
    //清空 Resultlist
    ViewResultlist.Items.Clear();
    PeerName SearchName = newPeerName(TexBoxSearchName.Text,PeerNameType.Unsecured);
    PeerNameResolver Resolver = newPeerNameResolver();
    //获取 PeerNameRecord 集合
    PeerNameRecordCollection collection = Resolver.Resolve(SearchName);
    //遍历 PeerNameRecord 集合
    foreach (PeerNameRecord record in collection)
    {
        foreach (IPEndPoint iep in record.EndPointCollection)
        {
    if (iep.AddressFamily.Equals(AddressFamily.InterNetwork))
        {
            ListViewItem item = newListViewItem();
             item.SubItems.Add(iep.ToString());item.SubItems.Add(Encoding.UTF8.GetString
(record.Data));
            ViewResultlist.Items.Add(item);
        }
    }
}
```

3. 资源搜索

现在完整地演示一下资源的发布和搜索。如图 5-15 所示,同时运行两个 P2P 资源发现程序,模拟网络上对等的两台计算机节点。用第一个程序分别注册资源“逆战”“虎胆龙威”,用第二个程序分别注册“变形金刚 1”“十二生肖”。

在第一个程序的“资源发现”栏中的“资源名”编辑框中输入“变形金刚 1”,单击“搜索”按钮,得到图 5-16 左图的结果。在第二个程序的“资源发现”栏中的“资源名”编辑框中输入“逆战”,得到图 5-16 右图的结果。

图 5-15 开启两个程序并注册资源

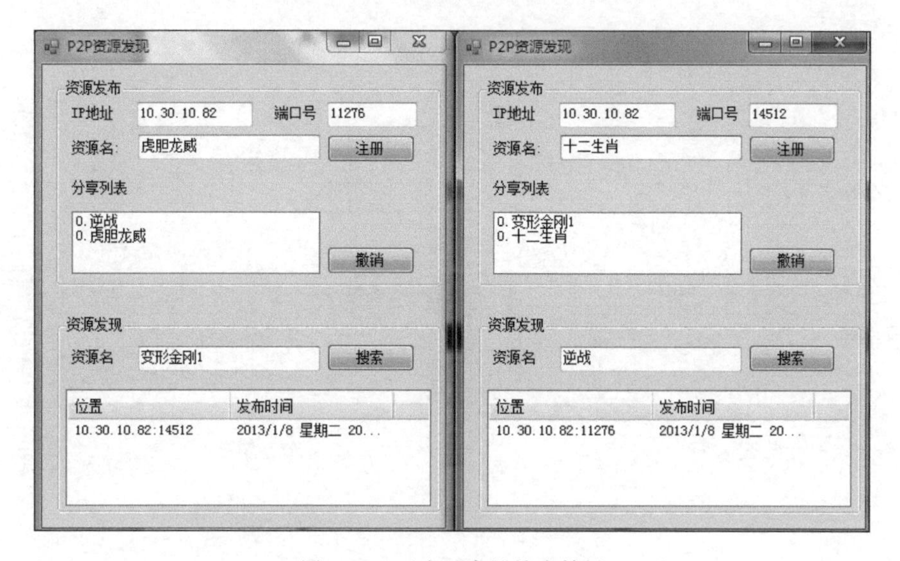

图 5-16 两个程序的搜索结果

第三部分 Internet应用程序开发

第6章 FTP网络程序开发

第7章 SMTP与POP3网络程序开发技术

第8章 基于HTTP的Web程序开发技术

第9章 Web Service程序开发技术

第6章 FTP网络程序开发

6.1 FTP原理及规范

文件传输协议(File Transfer Protocol,FTP)是在RFC959中说明的。该协议定义了远程计算机系统和本地计算机系统之间传输文件的一个标准。一般来说,传输文件的用户需要先经过认证以后才能登录远程服务器,然后访问远程服务器中的文件。而大多数的FTP服务器往往提供一个GUEST的公共账户来允许未注册用户访问该FTP服务器。

6.1.1 FTP概述

一般来说,用户联网的首要目的就是实现信息共享,文件传输是信息共享非常重要的一个途径之一。文件传输服务是由FTP应用程序提供的,而FTP应用程序遵循的是TCP/IP中的文件传输协议,它允许用户将文件从一台计算机传输到另一台计算机,并且能保证传输的可靠性。

FTP的主要功能如下:

(1) 提供文件的共享,包括程序文件和数据文件。

(2) 支持间接使用远程计算机。

(3) 使用户不因各类主机文件存储器系统的差异而受影响。

(4) 利用TCP提供可靠且有效的传输。

FTP和HTTP协议都是文件传送协议,它们都基于TCP协议,但有很大的区别,最大的区别在于FTP使用两个并行的TCP连接发送文件,第一个连接用来发送控制指令,当接收或者发送数据的时候,又打开第二个TCP连接。而HTTP在双向传输中使用动态端口。因为FTP使用一个独立的控制链接,称FTP为带外(out-of-brand)发送控制信息,而HTTP协议中,同一个TCP连接既用于承载请求和响应头部,也用于承载所发送的文件,所以称HTTP为带内(in-brand)发送控制信息。

6.1.2 FTP工作原理和数据传输

1. 工作原理

如果本地用户希望把文件传送到一台远程主机上,或者从这台远程主机上获取一些文件,他需要做的是提供一个登录名和登录密码进行访问。身份信息确认后,他就可以在本地文件系统和远程文件系统之间传送文件。

一个完整的 FTP 文件传输需要建立两个 TCP 连接,一种连接是用于传输 TCP 命令,称为控制连接;另一种连接是实现真正的文件数据传输,称为数据连接。在 FTP 中,控制连接在整个会话过程中一直打开着,而数据连接则有可能为每次文件传送请求重新打开。

当客户端提出请求,想要与远程 FTP 服务器实现文件传输时,它首先向服务器端的 TCP 端口号 21(默认端口)发起一个建立连接的请求,FTP 服务器接收来自客户端的请求,这就是建立 FTP 控制连接。

控制连接建立之后,客户端就开始传输文件,这个过程是数据连接,主要分为主动传输模式(Port 模式)和被动传输模式(Passive 模式)。PORT(主动)方式的连接过程是:客户端向服务器的 FTP 端口(默认是 21)发送连接请求,服务器接收连接,建立一条命令链路。当需要传送数据时,客户端在命令链路上用 PORT 命令告诉服务器:“我打开了××××端口,你过来连接我”。于是服务器从 20 端口向客户端的××××端口发送连接请求,建立一条数据链路来传送数据。PASV(被动)方式的连接过程是:客户端向服务器的 FTP 端口(默认是 21)发送连接请求,服务器接收连接,建立一条命令链路。当需要传送数据时,服务器在命令链路上用 PASV 命令告诉客户端:“我打开了××××端口,你过来连接我”。于是客户端向服务器的××××端口发送连接请求,建立一条数据链路来传送数据。如图 6-1 所示。

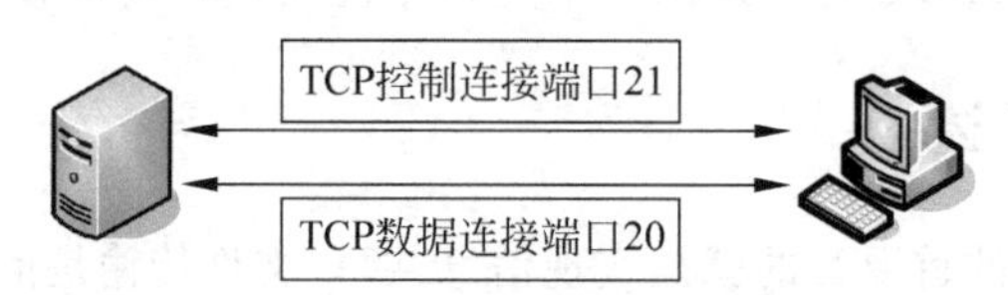

图 6-1 TCP 的控制连接和数据连接

很多防火墙在设置的时候都是不允许接收外部发起的连接的,所以许多位于防火墙后或内网的 FTP 服务器不支持 PASV 模式,这是由于客户端无法穿过防火墙打开 FTP 服务器的端口;而许多内网的客户端不能用 PORT 模式登陆 FTP 服务器,因为服务器的 TCP 20 端口无法和内部网络的客户端建立一个新的连接,造成无法工作。

2. 数据传输

FTP 的传输方式有以下两种。

1) ASCII 传输方式

假定用户正在复制包含简单 ASCII 码文本的文件,如果在远程机器上运行的不是 UNIX,当文件传输时 ftp 通常会自动调整文件的内容以便把文件解释成目的计算机存储文本文件的格式。但是常常有这样的情况,用户正在传输的文件包含的不是文本文件,可能是程序、数据库、字处理文件或者压缩文件(尽管字处理文件包含的大部分是文本,其中也包含指示页尺寸、字库等信息的非打印字符)。在复制任何非文本文件之前,需要用 binary 命令告诉 ftp 逐字复制,不要对这些文件进行处理,这也是下面要讲的二进制传输模式。

2) 二进制传输模式

在二进制传输中,保存文件的位序,以便原始文件和副本是逐位一一对应的。

如果在 ASCII 方式下传输二进制文件,由于存在编码与解码过程,这会使传输稍微变慢,也会损坏数据,使文件变得不能用。注意：在大多数计算机上,ASCII 方式一般假设每一字符的第一有效位无意义,因为 ASCII 字符组合不使用它。如果传输二进制文件,所有的位都是重要的。当传输连接的两台计算机是同样的,则二进制方式对文本文件和数据文件都是有效的。

6.1.3　FTP 规范

FTP 规定的每个命令都由 3 到 4 个字母组成,后面是该命令的参数,命令与参数之间用空格隔开。每个命令都以回车换行结束。下面介绍一些常用命令。

1. 访问命令

1) USER 命令

格式:USER <username>

功能：指定登录的用户名,以便服务器进行身份验证。此命令通常是控制连接后第一个发出的命令。另外,如果客户端需要改变登录的用户,也可以重新发送 USER 命令,在这种情况下,原来设置的传输参数不会改变。

2) PASS 命令

格式:ACCT <account>

功能：指定用户口令,该命令必须跟在登录用户名命令之后。对于需要用户口令的 FTP 服务器,它是完成访问控制不可缺少的一步。

3) ACCT 命令

格式：ACCT <account>

功能：指定用户账号。此命令不需要和 USER 相关,服务器端可以设置客户端账号,也可以限制账户访问权限。

4) REIN 命令

格式：REIN

功能：表示重新初始化用户信息。此命令终止当前 USER 的传输,同时终止正在传输的数据,然后重置所有参数,并打开控制连接,以便客户端再次发送 USER 命令。

5) QUIT 命令

格式：QUIT

功能：关闭与服务器的连接。

2. 文件管理命令

1) CWD 命令

格式：CWD <directory>

功能：改变工作目录。此命令使用户可以在不同的目录或数据集下工作而不用改变它的登录或账户信息,传输参数也不变。参数一般是目录名或与系统相关的文件集合。

2) PWD 命令

格式：PWD

功能：返回当前工作目录。

3) MKD 命令

格式：MKD <directory>

功能：在指定路径下创建新目录，参数为表示特定目录的字符串。

4) CDUP 命令

格式：CDUP

功能：回到上层目录。

5) RMD 命令

格式：RMD <directory>

功能：删除指定目录。参数为表示特定目录的字符串。

6) LIST 命令

格式：LIST <name>

功能：返回指定路径下的子目录及文件列表，省略<路径>时，返回当前路径下的文件列表。如果路径名指定一个文件，服务器返回文件的当前信息，参数为空表示用户当前的工作目录或默认目录。

7) NLST 命令

格式：NLST <directory>

功能：返回指定路径下的目录列表，省略<路径>时，返回当前目录。

8) RNFR 命令

格式：RNFR <old path>

功能：重新命名文件，该命令的下一条命令应该用 RNTO 指定新的文件名。

9) RNTO 命令

格式：RNTO <new path>

功能：该命令和 RNFR 命令共同完成对文件的重命名，紧跟在 RNFR 命令后。

10) DELE 命令

格式：DELE <filename>

功能：删除指定路径下的文件。

3. 文件传输命令

1) RETR 命令

格式：RETR <filename>

功能：请求服务器将指定路径内的文件复制到客户端，也就是下载指定的文件。

2) STOR 命令

格式：STOR <filename>

功能：上传一个指定的文件，并将其存储在指定的位置。如果文件已存在，原文件将被覆盖。如果文件不存在，则创建新文件。

4. 模式设置命令

1) PASV 命令

格式：PASV

功能：该命令告诉 FTP 服务器，让 FTP 服务器在指定的数据端口进行监听，进入被动接收请求的状态。这种方式对于有代理服务器的客户端更安全，因为客户端代理服务器不必接收传入的连接。如果未指定任何模式，则 FTP 服务器默认使用 PASV 模式。

注意：由于某些客户端可能会运行防火墙，从而使 PASV 模式对客户端代理服务器不起作用，因此，可将客户端代理服务器配置为使用 PORT 模式。

2) PORT 命令

格式：PORT <address>

功能：该命令告诉 FTP 服务器客户端监听的端口号是 address，让 FTP 服务器采用主动模式连接客户端。

程序员可以对所有 FTP 服务器启用 PORT 模式，也可以仅对特定 FTP 服务器启用此模式。但是要注意，如果客户端代理服务器位于防火墙之后，使 PORT 模式不起作用，则无法启用 PORT 模式，此时可以尝试使用 PASV 模式。

6.2 FTP 程序开发相关类

本节主要介绍在.NET 环境下运用 C# 语言实现 FTP 通信编程所需要用到的相关类，包括与 FTP 操作相关的类：FtpWebRequest、FtpWebResponse 和 NetworkCredential。

6.2.1 FtpWebRequest 类

FtpWebRequest 类用于实现文件传输协议(FTP)客户端的操作，包括文件的删除、上传、下载等功能。表 6-1 列出了 FtpWebRequest 类的一些重要方法。

表 6-1 FtpWebRequest 类的重要方法

方 法	说 明
Abort	如果正在进行文件传输，用此方法来终止传输；如果没有进行任何操作，此方法不产生任何作用
Create	初始化新的 WebRequest 对象
CreateDefault	为指定的 URI 方案初始化新的 WebRequest 实例(从 WebRequest 继承)
GetRequestStream	检索用于向 FTP 服务器上传数据的流
GetResponse	返回 FTP 服务器响应

为了实现 FTP 功能的一般过程，先用 FtpWebRequest 的 Create 方法得到 FtpWebRequest 的实例对象，指向 FTP 服务器的路径。该方法有两种重载形式：

(1) FtpWebRequest.Create (String uriString)。

(2) FtpWebRequest.Create (Uri uri)。

例如：

```
FtpWebRequest req = (FtpWebRequest)FtpWebRequest.Create(new Uri("ftp://" + Server + "/" +
fileInf.Name));
```

如果 FTP 服务器不允许匿名访问，客户端必须向服务器提供用户名和密码(利用

NetworkCredential 类提供给服务器)。

在创建好新的 FtpWebRequest 对象后,要设置 FTP 的执行方法以及该类对象的属性,FtpWebRequest 的属性用来配置应用程序与 FTP 服务器之间的信息。从表 6-2 中可以了解 FtpWebRequest 的一些重要属性。

表 6-2 FtpWebRequest 类的重要属性

属　性	说　明
Credentials	获取或设置用于与 FTP 服务器通信的凭据
KeepAlive	获取或设置一个 Boolean 值,该值指定在请求完成之后是否关闭到 FTP 服务器的控制连接(默认值为 true)
Method	获取或设置要发送到 FTP 服务器的命令
RenameTo	获取或设置重命名文件的新名称
Timeout	获取或设置等待请求的毫秒数
UseBinary	获取或设置一个 Boolean 值,该值指定文件传输的数据类型。若要传输文本数据,请将 UseBinary 属性由默认值(true)更改为 false
UsePassive	获取或设置客户端应用程序的数据传输过程的行为

Method 属性指定当前请求是什么命令(upload、download、filelist 等)。这个值定义在结构体 WebRequestMethods. Ftp 中。WebRequestMethods. Ftp 的公共属性如表 6-3 所示。

表 6-3 WebRequestMethods. Ftp 类的重要公共属性

属　性	说　明
DeleteFile	从 FTP 服务器上删除文件
DownloadFile	从 FTP 服务器上下载文件
ListDirectory	获取 FTP 服务器上的文件简短列表
ListDirectoryDetails	获取 FTP 服务器上的文件详细列表
MakeDirectory	在 FTP 服务器上创建目录
RemoveDirectory	在 FTP 服务器上删除目录
UploadFile	向 FTP 服务器上传文件

新建一个 FtpWebRequest 对象,并且初始化该对象。假设 URI 为"ftp://"+Server+"/""+ fileInf. Name,一般通过下面的代码来设置 FtpWebRequest 对象的属性:

```
FtpWebRequest req;
//根据之前的 URI 创建 FtpWebRequest 对象
req = (FtpWebRequest)FtpWebRequest.Create(new Uri("ftp://" + Server + "/" + fileInf.Name));
//提供 FTP 用户名和密码
req.Credentials = new NetworkCredential(UserName, UserPwd);
req.KeepAlive = false;
//指定所要执行的 FTP 指令,假设现在为上传文件的操作
req.Method = WebRequestMethods.Ftp.UploadFile;
//指定传输的数据类型
req.UseBinary = true;
//让 FTP 服务器预知上传文件的大小
req.ContentLength = fileInf.Length;
```

6.2.2 FtpWebResponse 类

FtpWebResponse 类用于封装文件传输协议(FTP)服务器对请求的响应,该类提供操作的状态以及从服务器下载的所有数据设置信息。

获取 FTP 响应时,需要通过 FtpWebRequest 对象的 GetResponse 方法获取,该方法可以获取 FtpWebResponse 类的对象的实例。当使用时,返回的对象必须强制转换成 FtpWebResponse。当不再需要 FtpWebResponse 对象时,调用 Close 方法释放其所占有的资源。

例如,创建一个 FtpWebResponse 类的实例,代码如下:

```
FtpWebRequest request = (FtpWebRequest)FtpWebRequest、Create(ftpUristring);
FtpWebResponse response = (FtpWebResponse)request.GetResponse();
…
```

GetResponse 方法建立控制连接,还可能创建数据连接。该方法在接收到响应之前一直处于阻塞状态。

表 6-4 列出了 FtpWebResponse 类的常用方法。

表 6-4 FtpWebResponse 类的重要方法

方 法	说 明
Close	释放响应所持有的资源
GetResponseStream	检索包含从 FTP 服务器上发送的响应数据的流

同样地,可以通过表 6-5 了解 FtpWebResponse 类的常用属性。

表 6-5 FtpWebResponse 类的重要属性

属 性	说 明
BannerMessage	获取在登录前建立连接时 FTP 服务器发送的消息
ContentLength	获取从 FTP 服务器上接收的数据的长度
ContentType	获取或设置接收的数据的内容类型
ExitMessage	获取 FTP 会话结束时服务器发送的消息
LastModified	获取 FTP 服务器上的文件的上次修改日期和时间
ResponseUri	获取对请求发送响应的 URI
StatusCode	获取从 FTP 服务器上发送的最新状态码
StatusDescription	获取描述从 FTP 服务器发送的状态代码的文本

6.2.3 NetworkCredential 类

NetworkCredential 类用于为密码的身份验证方案提供凭据。该类可用于多种协议。在 FTP 中,该类用于提供 FTP 用户名和密码。例如:

```
NetworkCredential networkCredential = new NetworkCredential("用户名", "密码");
```

表 6-6 列出了 NetworkCredential 类的重要属性。

表 6-6 NetworkCredential 类的重要属性

属　性	说　明
UserName	获取或设置与凭据关联的用户名
Password	获取或设置与凭据关联的用户密码
Domain	获取或设置验证凭据的域名或计算机名

6.3 编写 FTP 的文件上传下载器

在使用 FTP 工具时，首先要登录服务器，验证登录用户是否合法。如果登录成功，便可以上传本地文件或文件夹，同时也可以管理 FTP 服务器端文件，包括下载文件、删除文件以及变更、访问、重命名目录、创建新目录等。通常，FTP 工具的工作流程如图 6-2 所示。

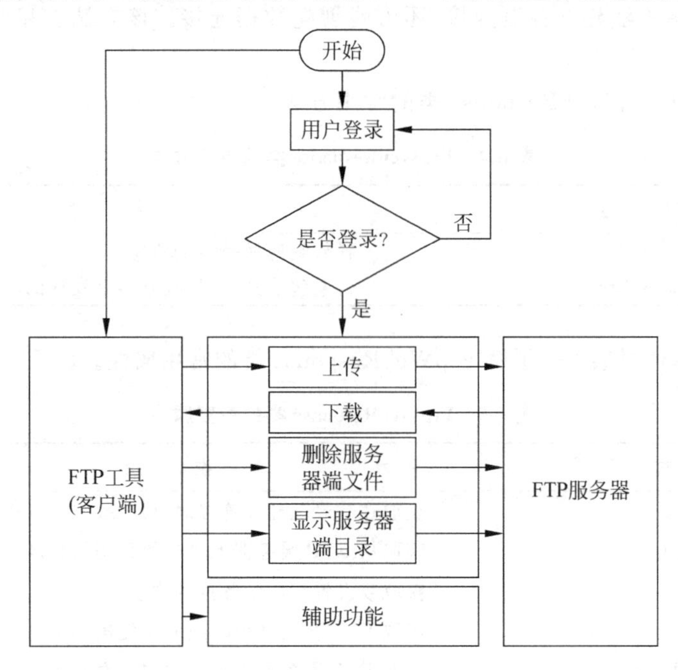

图 6-2　FTP 工具的工作流程

6.3.1 FTP 服务器的配置

为了测试本章的 FTP 程序，需要在局域网中的另一台计算机上安装 FTP 服务程序(例如 Serv-U)。Serv-U 软件是一种被广泛应用的 FTP 服务器端软件，支持 Windows3x/9x/ME/NT/2000 等全 Windows 系列。Serv-U 软件可以设定多个 FTP 服务器、限定登录用户的权限、登录主目录及空间大小等，功能非常完备。在此不详解 Serv-U 软件的安装。以下是 Serv-U 的配置过程：

(1) 创建一个新域，过程如图 6-3 和图 6-4 所示。

(2) 创建用户。设置用户名和密码、根目录和访问权限，若选择只读访问，只能下载，不能对服务器进行上传、删除、更改等操作。过程如图 6-5 和图 6-6 所示。

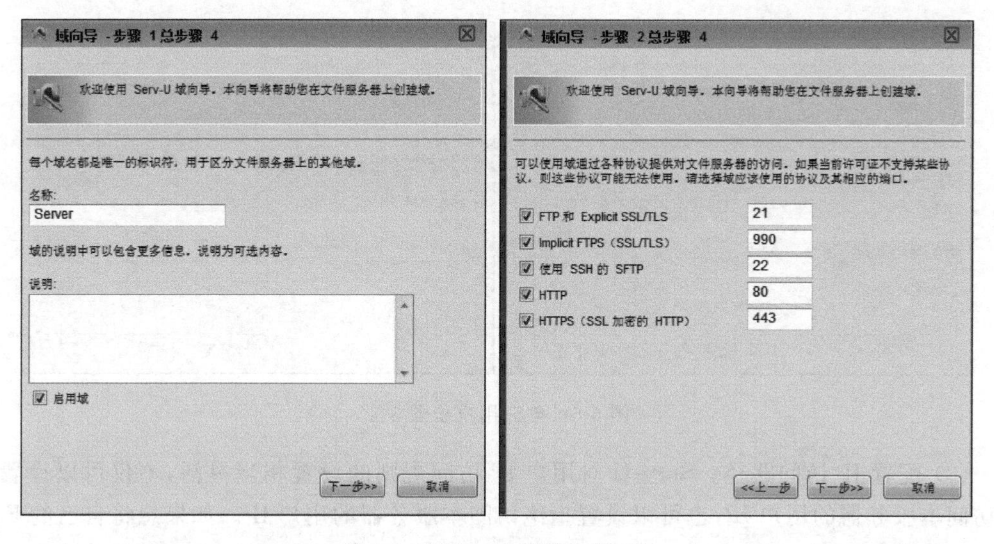

图 6-3　创建一个新域步骤 1、2

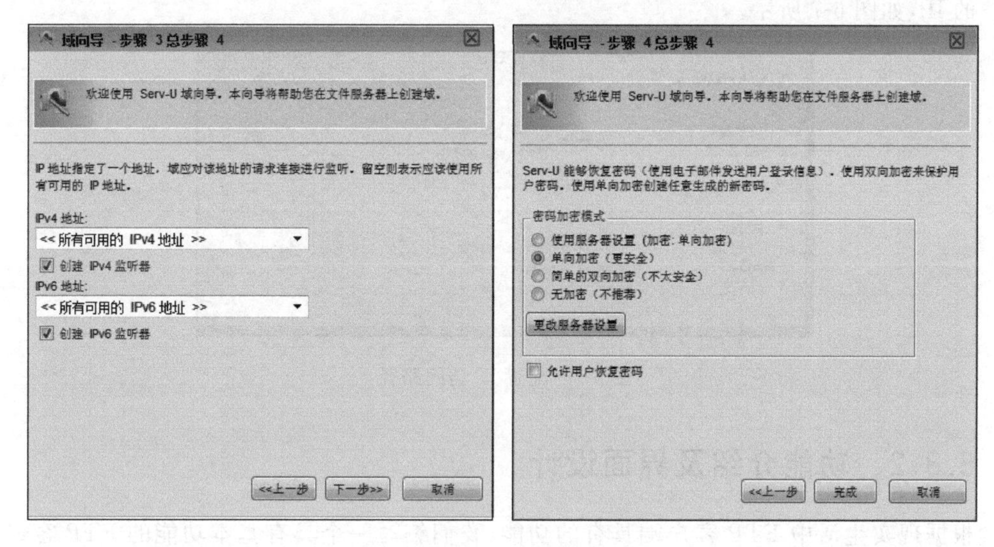

图 6-4　创建一个新域步骤 3、4

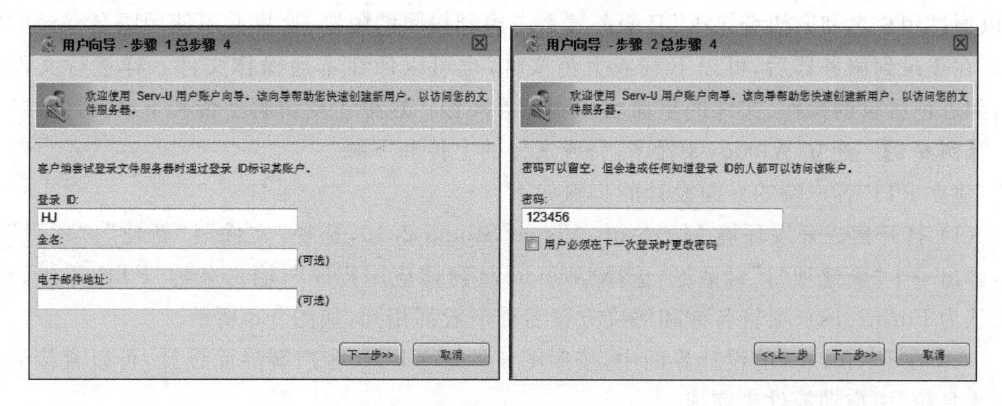

图 6-5　创建用户步骤 1、2

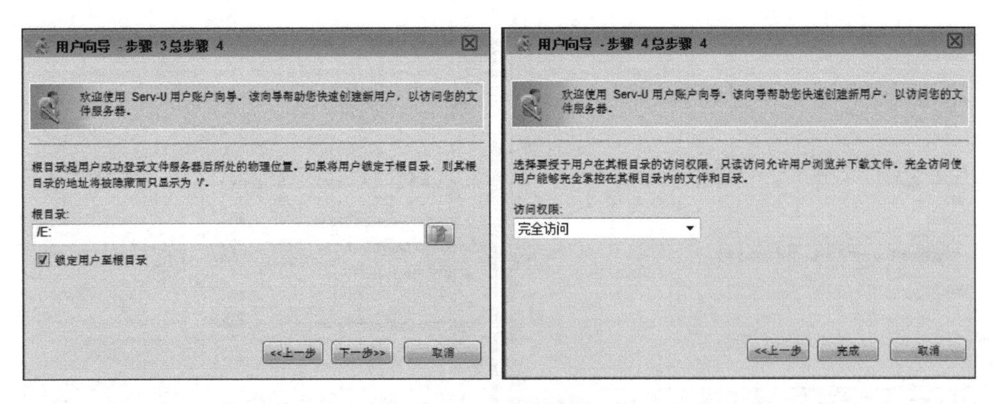

图 6-6　创建用户步骤 3、4

(3) 配置 IP 访问路径。Serv-U 对用户 IP 访问规则的设置相当灵活,不仅可以设置允许访问本服务器的用户 IP,也可以设置拒绝访问本服务器的用户 IP。如果想将自己的 FTP 站点仅供几个特定的用户使用,可以选中“允许访问”,在“IP 地址/名称/掩码”中输入特定用户的 IP,如图 6-7 所示。

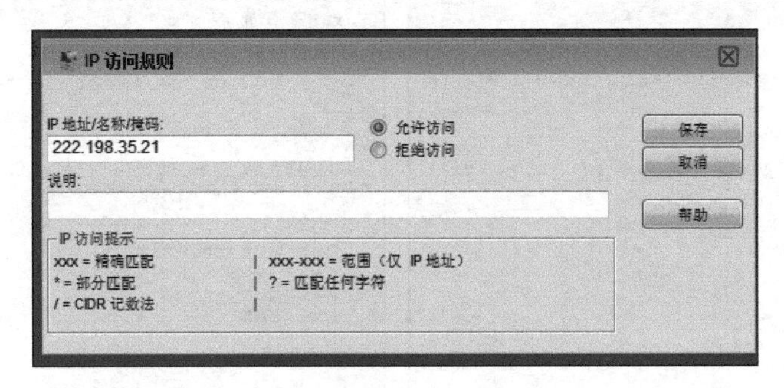

图 6-7　配置 IP 访问路径

6.3.2　功能介绍及界面设计

根据现实生活中 FTP 客户端具有的功能,我们编写一个具有基本功能的 FTP 客户端程序。首先,用户通过指定 FTP 服务器的 IP 地址连接该服务器。然后,在完成连接以后,可以通过用户名和密码登录 FTP 服务器。考虑到权限的限制,这里并不使用匿名登录的方式。在登录到服务器后,可以下载或上传文件,也可以像在本地操作文件一样进行文件管理,如进行目录的操作、文件的重命名和删除等操作。这里主要讲解上传和下载文件功能。

【例 6-1】 建立 Windows 程序,完成文件的上传和下载。

建立 FTP 客户端的界面设计的步骤如下:

(1) 打开集成开发环境 Microsoft Visual Studio 2010,选择“文件”|“新建”|“项目”命令,弹出一个“新建项目”对话框,选择“Windows 窗体应用程序”,输入名称“FTP_Text.cs”(默认为 Form1.cs),项目名称和解决方案名称一般都相同,如图 6-8 所示。

(2) 在 Form1.cs 的设计界面中,按照图 6-9 进行 FTP 客户端界面设计,可以直接通过从“工具箱”中拖动控件来完成。

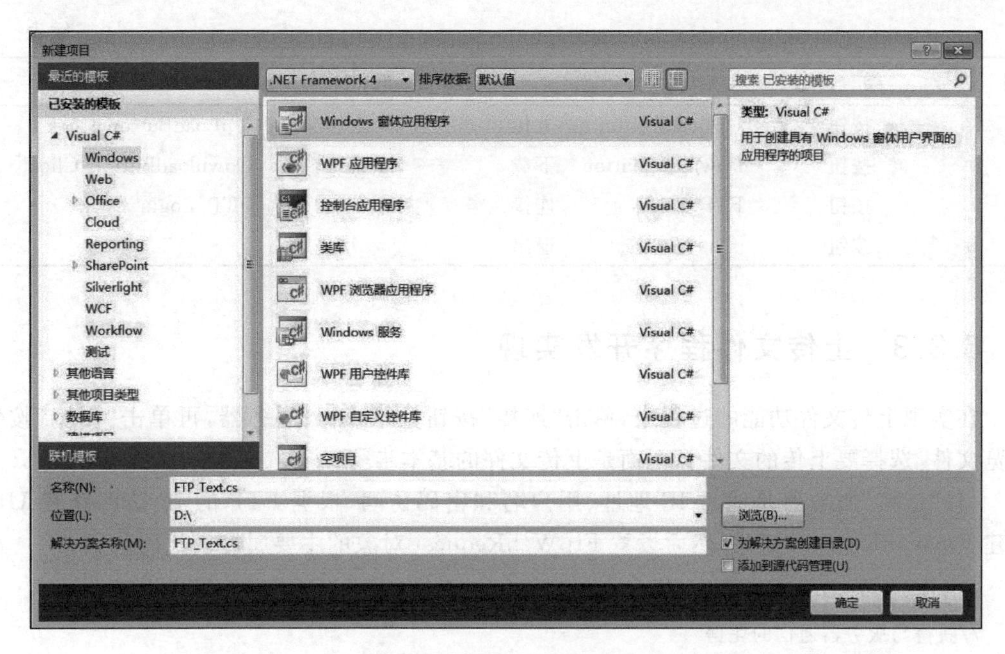

图 6-8 新建 Windows 项目

图 6-9 项目 FTP_Text 主界面

主界面的各控件的 Name 和功能如表 6-7 所示。

表 6-7 FTP_Text 程序的界面元素

编 号	类 型	Name	功 能	响 应 函 数
1	文本框	ServerBox	服务器 IP 地址	
2	文本框	UserNameBox	用户名	
3	文本框	UserPwdBox	密码	
4	文本框	UpLoadBox	上传文件的位置	
5	列表框	FtpFileBox	服务器目录和文件列表	
6	按钮	LookUpButton	浏览	LookUpButoon_Click

续表

编　号	类　型	Name	功　能	响应函数
7	按钮	UpLoadButton	上传	UpLoadButton_Click
8	按钮	DownloadButton	下载	DownloadButton_Click
9	按钮	FTP_Login	连接	FTP_Login_Click
10	按钮		退出	

6.3.3 上传文件程序开发实现

在实现上传文件功能的过程中，单击“连接”按钮登录 FTP 服务器，再单击“浏览”按钮浏览文件，选择要上传的文件。下面是上传文件的基本步骤：

(1)“连接”服务器是通过 IP 地址、用户名和密码访问，根据 FTP 的 IP 访问路径 URI 创建 FtpWebRequest 对象，然后设置 FtpWebRequest 对象的主要属性。代码如下。

```
FtpWebRequest req = (FtpWebRequest)FtpWebRequest.Create(new Uri("ftp://" + Server + "/"));
//获得与服务器通信的凭据
req.Credentials = new NetworkCredential(UserName, UserPwd);
req.KeepAlive = false;
//指定要执行的命令
req.Method = WebRequestMethods.Ftp.UploadFile;
req.UseBinary = true;                                    //指定数据传输类型为二进制型
```

每一次执行 FTP 的命令，都要连接一次 FTP 服务器。在整个交互的 FTP 会话中，控制连接始终处于连接状态，数据连接则在每次文件传送时先打开，传输完毕后关闭。

(2)“浏览”文件。选择要上传的文件，可以直接拖动 OpenFileDialog 控件，或者通过建立 OpenFileDialog 类的对象并将它实例化。OpenFileDialog 类的 FileName 属性表明在对话框中选中文件的路径和文件名。例如：

```
OpenFileDialog openFile = new OpenFileDialog();
openFile.ShowDialog();
UpLoadBox.Text = openFile.FileName;
```

(3)“上传”文件。设置 FtpWebRequest 对象的 Method，上传命令为 WebRequestMethods.Ftp.UploadFile；定义一个 FileInfo 类并通过文件路径名作为实例化参数，FileInfo.Name 表明文件名，因此 FTP 的访问路径为"ftp://"＋Server＋"/"＋FileInfo.Name；然后创建一个文件流，将要上传的文件写入文件流中；最后将文件流中的内容写入一个向 FTP 服务器上传数据的流，这个流通过 FtpWebRequest 类的 GetRequestStream 方法获取。具体代码如下：

```
string FileSites = UpLoadBox.Text;
//通过文件路径找到文件信息,FileInfo 的 Name 属性是获得文件名
FileInfo fileInf = new FileInfo(FileSites);
req = (FtpWebRequest)FtpWebRequest.Create(new Uri("ftp://" + Server + "/" + fileInf.Name));
req.Credentials = new NetworkCredential(UserName, UserPwd);
req.KeepAlive = false;
```

```
int buffLen = 1024; //缓冲区大小
byte[] buff = new byte[buffLen];
int ContentLen;
FileStream fs = fileInf.OpenRead();
Stream strm = req.GetRequestStream();
ContentLen = fs.Read(buff, 0, buffLen);        //每次从文件流中读 buffLen 个字节到 buff 数组中
 while (ContentLen!= 0)//流内容没有结束
  {
      //将内容从 File Stream 写入 Upload Stream
      strm.Write(buff, 0, ContentLen);
      ContentLen = fs.Read(buff, 0, buffLen);
  }
      strm.Close();                                   //关闭流
      fs.Close();
```

"上传"文件的演示过程如图 6-10 和图 6-11 所示。

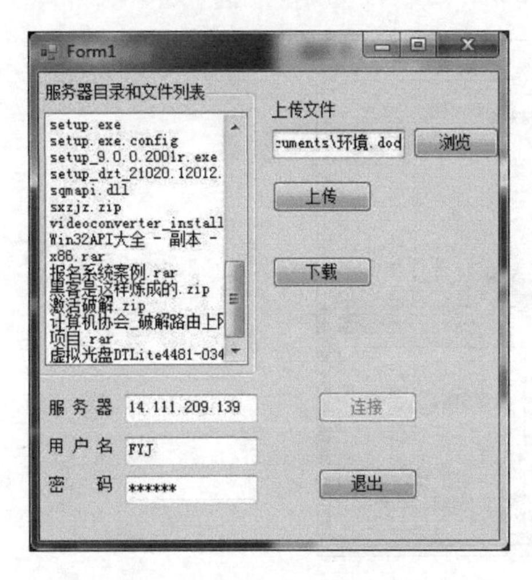

图 6-10 浏览要上传的文件

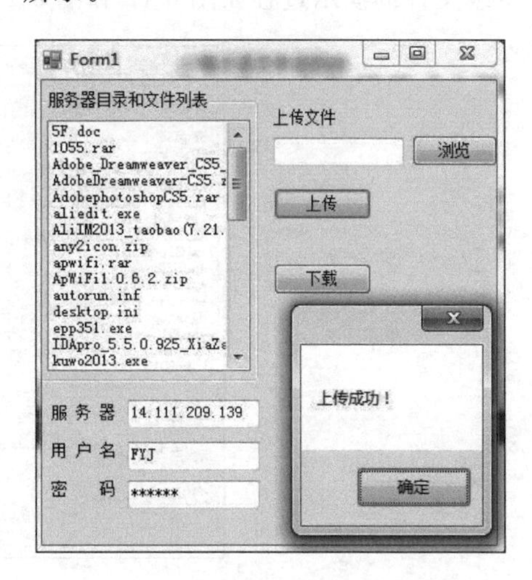

图 6-11 服务器返回上传成功信息

6.3.4 下载文件程序开发实现

同样地,通过从服务器文件列表中选择需要下载的文件,单击"下载"按钮,实现 FTP 服务器下载文件的功能。"下载"文件要重新打开 FTP 的连接,设置 FtpWebRequest 对象的 Method 方法为 WebRequestMethods.Ftp.DownloadFile;接着定义文件流,实例化对象(第一个参数为下载文件的路径,第二个参数为以什么方式打开文件),FileMode.Create 为创建新文件;再通过 FtpWebResponse 的 GetResponseStream 方法检索包含从 FTP 服务器上发送的响应数据流。例如:

```
DownFileName = FtpFileBox.SelectedItem.ToString();
req = (FtpWebRequest)FtpWebRequest.Create(new Uri("ftp://" + Server + "/" + DownFileName));
req.Method = WebRequestMethods.Ftp.DownloadFile;
req.UseBinary = true;
req.Credentials = new NetworkCredential(UserName, UserPwd);
FileStream outputStream = new FileStream("F:\\" + DownFileName, FileMode.Create);
```

```
                                                    //将选中的文件保存到 F:\目录中
FtpWebResponse response = (FtpWebResponse)req.GetResponse();
Stream ftpStream = response.GetResponseStream();
int readCount;
byte[] buffer = new byte[1024];                     //定义缓冲区
readCount = ftpStream.Read(buffer, 0, 1024);        //每次从文件流中读入 1024 字节到 buffer 中
while (readCount > 0)
  {
      outputStream.Write(buffer, 0, readCount);
      readCount = ftpStream.Read(buffer, 0, 1024);
  }
ftpStream.Close();
outputStream.Close();
response.Close();
```

下载文件的演示过程如图 6-12 和图 6-13 所示。

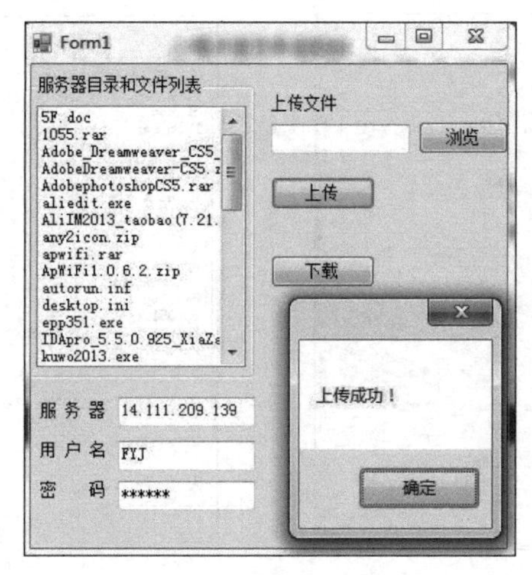

图 6-12　选中要下载的文件

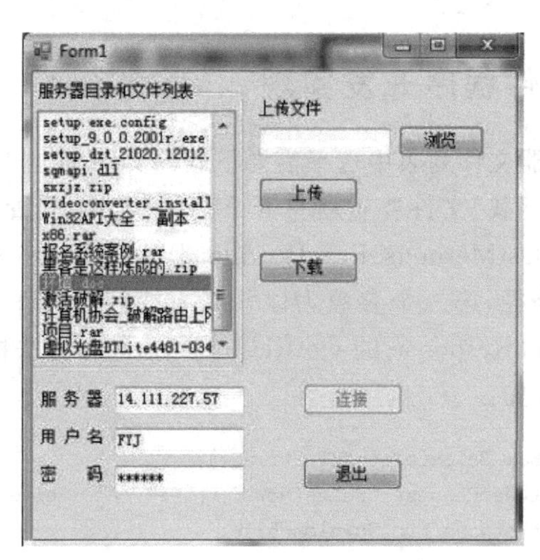

图 6-13　显示下载结束对话框

第7章 SMTP与POP3网络程序开发技术

7.1 邮件发送与接收协议

7.1.1 邮件发送与SMTP协议

SMTP(Simple Mail Transfer Protocol,简单邮件传输协议,默认端口为25)是一种提供可靠且有效电子邮件传输的协议,主要用于邮件的发送过程。SMTP的一个重要特点是它能够在传送中接力传送邮件,即邮件可以通过不同网络上的主机以接力的方式传送。SMTP的工作方式有两种:一种是使用匿名方式发送邮件,称为SMTP;另一种是客户端必须提供用户名密码认证,称为ESMTP(Extentded SMTP)。客户端发送电子邮件的过程是:先通过客户端将邮件发送到SMTP邮件服务器,再通过当前的服务器发送到下一个目标SMTP邮件服务器。

1) 与SMTP服务器建立连接

命令格式:HELO <信息发送端的名称>

格式举例:HELO Local

2) 断开与服务器的连接

命令格式:QUIT

客户端发送QUIT命令,退出系统,断开与服务器的连接。

客户端发送电子邮件的步骤如下:

第1步:客户端先与服务器建立连接。

(1) 客户端发送"EHLO Local"命令,服务器收到后返回"220"响应码,表示服务器准备就绪。

(2) 客户端发送"AUTH LOGIN"命令,服务器收到后返回"334"响应码,表示要求用户输入用户名。

(3) 客户端发送经过Base64编码处理的用户名,服务器收到并经认证成功后返回"334"响应码,表示要求用户输入密码。

(4) 客户端发送经过Base64编码处理的密码,服务器收到并经认证成功后返回"235"响应码,表示认证成功,用户可以发送邮件。

第2步:客户端开始发送邮件的信封。

(1) 客户端发送"MAIL FROM:<发信人的地址>"命令,服务器收到后返回"250"响应码,表示请求操作就绪。

(2) 客户端发送“RCPT TO:<收信人的地址>”命令，服务器收到后返回“250”响应码，表示请求操作就绪。

第3步：客户端开始发送邮件数据。

(1) 客户端发送“DATA”命令，表示开始向服务器发送邮件数据，包括邮件的首部和正文。

(2) 客户端发送邮件首部。

(3) 客户端发送正文。

第4步：客户端与服务器断开连接。

7.1.2 邮件接收与POP3协议

客户端接收邮件时，使用POP协议(Post Office Protocol，邮局协议，现常用第3版，简称POP3)，POP3允许客户端连接到服务器并且将所有的邮件下载到客户机的邮箱中。POP3邮局服务器通过侦听TCP端口110提供POP3服务。客户端读取邮件之前，需要先与服务器建立TCP连接。连接成功后，POP3服务器会向该客户端发送确认消息。然后客户端根据服务器回送的信息决定下一步的操作。

POP3规定每条命令均由命令和参数两部分组成，每条命令都以回车(CR)换行(LF)结束，命令和参数之间由空格间隔。POP3服务器回送的响应信息由状态码和附加信息(可选)组成。所有响应也都以回车(CR)换行(LF)结束。其中，状态码有以下两种。

(1) +OK：表示正确执行了客户端发送的命令。

(2) -ERR：表示服务器执行命令失败。

以下是客户端发送的命令：

(1) 发送用户名。

格式：USER <用户名>

服务器返回：+OK表示用户名正确；-ERR表示用户名错误。

示例：C：USER myname@126.com

S：+OK welcome on this server.

(2) 发送密码。

用户名确认成功后，客户端再发送密码。

语法形式：PASS <密码>

功能：将客户的密码发送给服务器。

服务器返回：+OK表示密码正确；-ERR表示密码错误。

示例：C：PASS *****

S：+OK myname logged in at 19:04

服务器对用户名和密码验证成功后，客户端就可以发送POP3命令要求服务器执行相应的操作。对于每个命令，服务器都会返回应答信息。常用命令有以下几种。

1) STAT命令

格式：STAT

功能：从服务器中获得邮件总数和总字节数。

服务器返回：邮件总数和总字节数。

示例：C：STAT

S：+OK 2 320

2）LIST 命令

格式：LIST

功能：从服务器中获得邮件列表和大小。

服务器返回：列出邮件列表和大小。

示例：C：LIST

S：+OK 2 messages（320 octets）

S：1　120

S：2　200

S：.

注意，“.”单独占一行。

3）RETR 命令

格式：RETR <邮件的序号>

功能：从服务器中获得一个邮件。

服务器返回：+OK 表示成功；-ERR 表示错误。

示例：C：　　RETR 1

S：+OK 120 octets

S：<服务器发送信件 1 内容>

S：.

注意，“.”单独占一行。

4）DELE 命令

格式：DELE <邮件的序号>

功能：服务器将邮件标记为删除，当执行 QUIT 命令时才真正删除。

服务器返回：+OK 表示成功；-ERR 表示错误。

示例：C：DELE 1

S：+OK 1 Deleted

5）QUIT 命令

格式：QUIT

功能：关闭与服务器的连接。

服务器返回：+OK；-ERR。

示例：C：QUIT

S：+OK

然后服务器自动断开与该客户端的连接。

7.1.3　.NET 下的邮件收发相关类

在 System.Windows.Forms 命名空间中提供了向邮件添加附件的功能类 OpenFileDialog（提供打开和浏览文件的功能）。表 7-1 列出了关于 OpenFileDialog 类的重要属性。

表 7-1　OpenFileDialog 类的属性

属　　性	含　　义
InitialDirectory	文件对话框显示的初始目录
Filter	获取或设置当前文件名筛选器字符串
FilterIndex	获取或设置文件对话框中当前选定筛选器的索引
Multiselect	指示对话框是否允许选择多个文件
RestoreDirectory	指示对话框在关闭前是否还原当前目录

【例 7-1】 用 OpenFileDialog 控件实现打开一个文件的操作。

拖动一个 OpenFileDialog 控件和一个 Button 控件到窗体上,并对 OpenFileDialog 类实例化,实现打开一个文件,界面设计如图 7-1 所示。

图 7-1　打开文件选择器

按钮的 Click 事件代码如下:

```
private void button1_Click(object sender, EventArgs e)
        {
         //设置默认打开的为 C 盘
          openFileDialog1.InitialDirectory = "C:\\";
        //获取当前文件名筛选器字符串
          openFileDialog1.Filter = "txt files( * .txt)| * .txt|All files( * . * )| * . * ";
        //设置文件对话框中当前选定筛选器的索引
        openFileDialog1.FilterIndex = 5;
        //指示对话框在关闭前需要还原当前目录
        openFileDialog1.RestoreDirectory = true;
        openFileDialog1.ShowDialog();
        }
```

单击"打开文件按钮"后弹出的界面如图 7-2 所示,打开的默认文件目录为 C 盘,文件类型有 All files 和 txt files 两个选项。因为指定的 FilterIndex 属性值为 5,因此默认选项是 txt files。

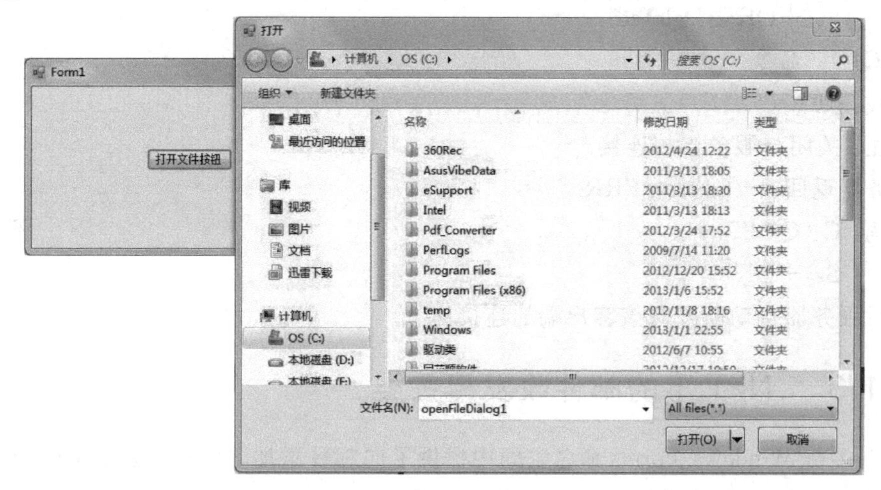

图 7-2　选择文件界面

在 System.Net.Mail 命名空间中包含 5 个主要的类支持 SMTP 协议的运行，如表 7-2 所示。

表 7-2　5 个主要的类及说明

类　名	说　明
SmtpClient	用于在网络程序中发送 SMTP 邮件
MailMessage	用于表示电子邮件本身
MailAddress	用于表示收件人或发件人地址
Attachment	用于表示电子邮件的附件
NetworkCredential	用于提供 SMTP 服务器需要的用户名和密码

1. SmtpClient 类

SmtpClient 类用于将电子邮件发送到 SMTP 服务器。SmtpClient 的构造函数有以下几种形式。

(1) SmtpClient()：使用配置文件设置初始化 SmtpClient 类的新实例。此构造函数使用应用程序或计算机配置文件中的设置，初始化新 SmtpClient 的 Host、Credentials 和 Port 属性。

(2) SmtpClient(string serverName)：初始化 SmtpClient 类的新实例，让其使用指定的 SMTP 服务器发送电子邮件。例如：

```
SmtpClient client = new SmtpClient("邮件服务器地址");
client.Send(message);
```

(3) SmtpClient(string serverName,int port)：初始化 SmtpClient 类的新实例，让其使用指定的 SMTP 服务器和端口号发送电子邮件。例如：

```
SmtpClient client = new SmtpClient("邮件服务器地址","端口");
client.Send(message);
```

SmtpClient 类的主要方法如下。

(1) Send：将电子邮件发送到 SMTP 服务器以便传递，在传输邮件的过程中将阻止其他操作。此方法已重载，使用方法如下：

```
public void Send(MailMessage message)                    //message 包含要发送的消息
public void Send(string from,string recipients,string subject,string body)
```

参数的含义分别是发送人地址、收件人地址、邮件主题、邮件正文。

(2) SendAsync：发送电子邮件，不会阻止调用线程。此方法已重载，使用方法如下：

```
public void SendAsync(MailMessage message,Object userToken)
```

参数含义依次是：message 包含要发送的消息；userToken 是一个用户定义对象，此对象将被传递给完成异步操作时所调用的方法。

2. MailAddress 类

MailAddress 类用于提供发件人和收件人的邮件地址。其常用形式为：

```
MailAddress from = new MailAddress("发件人邮件地址");
MailAddress to = new MailAddress("收件人邮件地址");
```

3. MailMessage 邮件信息类

MailMessage 邮件信息类用于提供邮件的信息,包括主题、内容、附件、信息类型等。其常用形式为:

```
MailMessage message = new MailMessage(from, to);
Message.subject = "主题";
message.subjectEncoding = System.Text.Encoding.UTF8;
message.Headers.Add("Date", DateTime.Now.ToString());
message.Body = "邮件内容";
message.BodyEncoding = System.Text.Encoding.UTF8;
```

4. Attachment 邮件附加类

Attachment 邮件附加类用于提供附件。使用以下格式指定一个或多个 MailAttachment 对象作为邮件的附件:

```
Attachment attachFile = new Attachment("文件名");
message.Attachments.Add(attachFile);
```

5. NetworkCredential 类

NetworkCredential 类主要用于提供 SMTP 服务器需要的用户名和密码。其常用形式为:

```
NetworkCredential myCredentials = new NetworkCredential("发件人地址", 密码);
```

7.2 邮件客户端程序开发实现

7.2.1 功能介绍及页面设计

【例 7-2】 邮件发送模块编写。邮件发送模块所实现的功能为对指定收件人发送邮件,并且能够添加附件以及删除不需要发送的附件。邮件发送界面如图 7-3 所示。

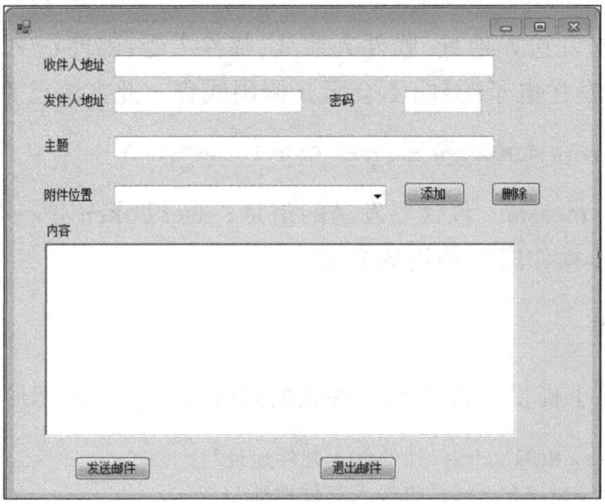

图 7-3 邮件发送界面

该程序中的控件描述如表 7-3 所示。

表 7-3　邮件发送端界面控件描述

名　　称	控件类型	功能描述
Form1	Form	程序主窗体
textBox1	TextBox	收件人邮件地址编辑框
textBox2	TextBox	发件人邮件地址编辑框
textBox3	TextBox	发件人邮件服务器登录密码
textBox4	TextBox	邮件主题编辑框
comboBox1	ComboBox	附加位置组合框
richTextBox1	RichTextBox	邮件文本内容编辑框
button1	Button	"添加"按钮
button2	Button	"删除"按钮
button3	Button	"发送邮件"按钮
button4	Button	"退出邮件"按钮

7.2.2　邮件发送模块程序开发实现

SMTP 邮件发送端的界面设计步骤如下：

(1) 添加 6 个标签(Lable)控件、5 个文本框(TextBox)控件、4 个按钮(Button)控件、1 个高级文本框(RichTextBox)控件,窗体布置如图 7-3 所示。其中,密码文本框 textBox3 用于输入发件人邮箱密码,应将其 PasswordChar 属性设置为"＊",当输入密码时,其显示为"＊",以便于防止用户密码泄露。

在 class 中定义两个全局变量：

```
MailMessage aMessage = new MailMessage();
Attachment data;
```

(2) 对其中的 Button 控件添加代码如下。

① "添加"按钮的响应代码如下：

```
private void button1_Click(object sender, EventArgs e)
        {

            openFileDialog1.ValidateNames = true;        //只接受有效文件名
            openFileDialog1.Multiselect = true;
            openFileDialog1.Filter = "所有文件(*.*)|*.*";
            if (openFileDialog1.ShowDialog() == DialogResult.OK)
            {
                if (openFileDialog1.FileNames.Length > 0)
                {
                    comboBox1.Items.AddRange(openFileDialog1.FileNames);
                }
            }

        }
```

② “删除”按钮的响应代码如下：

```
  //删除按钮
private void button2_Click(object sender, EventArgs e)
{
    int index = comboBox1.SelectedIndex;
    if (index ==- 1)
    {
        MessageBox.Show("请选择要删除的附件!", "提示", MessageBoxButtons.OK, MessageBoxIcon.
Information);
        return;
    }
    else
    {
        comboBox1.Items.RemoveAt(index);
    }
}
```

③ “发送”按钮的响应代码如下：

```
//发送按钮
    private void button3_Click(object sender, EventArgs e)
    {
        try
        {
            aMessage.From = new MailAddress(textBox2.Text, textBox2.Text);
                                                    //第一个参数是地址,第二个参数是名字
            aMessage.To.Add(textBox1.Text);
            if (textBox1.Text == "")
                MessageBox.Show("请正确填写收件人邮件地址");
            if (textBox2.Text == "")
                MessageBox.Show("请正确填写发件人邮件地址");
            else
            {
                //发件人地址 126 邮箱,经过 Split 函数拆分
                string[] sep = textBox2.Text.Split(new Char[] { '@', '.' });
                foreach (string s in comboBox1.Items)
                    {
                        data = new Attachment(s);
                        aMessage.Attachments.Add(data);
                                                //将 comboBox1 中选的文件增加到附件中
                    }
                string site = "smtp." + sep[1] + ".com";//组合成 SMTP 服务器的地址
                SmtpClient client = new SmtpClient(site);
                client.Port = 25;
                client.EnableSsl = false;     //不使用安全套接字(SSL)加密连接,可以自己设置
                client.UseDefaultCredentials = false; //不使用默认凭证,需要认证登录
                 client.Credentials = new System.Net.NetworkCredential(textBox2.Text.Trim
(), textBox3.Text);                                //验证发件人身份及其密码
                client.DeliveryMethod = SmtpDeliveryMethod.Network;
```

```
                aMessage.Subject = textBox4.Text;          //邮件的主题
                aMessage.Body = richTextBox1.Text;         //邮件的内容
                client.Send(aMessage);                     //发送电子邮件
                MessageBox.Show("电子邮件已经发送到 ->" + textBox1.Text);
                                                           //返回发送后的结果
            }
        }
        catch (Exception ex)
        {
            MessageBox.Show(ex.Message.ToString());
        }
    }
```

④ “退出”按钮的响应代码如下：

```
private void button4_Click(object sender, EventArgs e)
        {
            Application.Exit();
        }
```

本例效果图如图 7-4 所示。

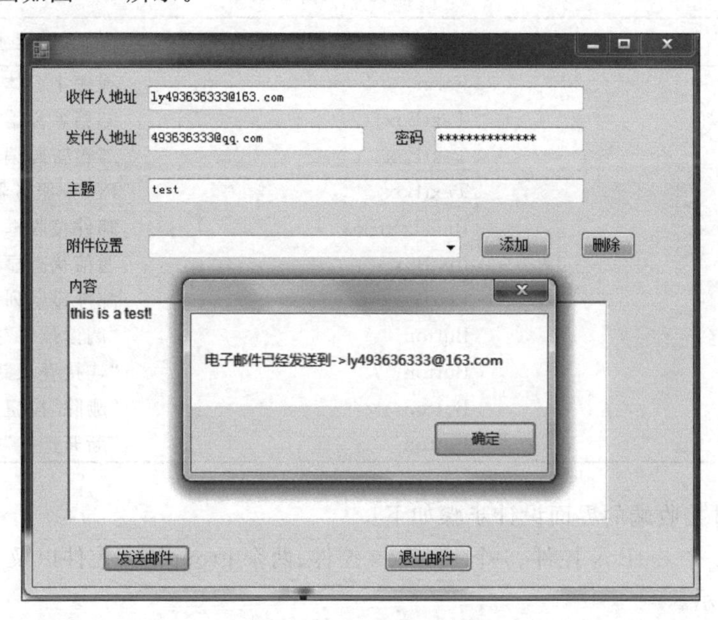

图 7-4 发送邮件的实现

7.2.3 邮件接收模块程序开发实现

【例 7-3】 邮件接收模块编写。该模块实现的功能是单击“连续登录”按钮能够显示用户所收到的所有邮件，并且能对指定邮件进行阅读，并删除指定邮件。邮件接收界面如图 7-5 所示。

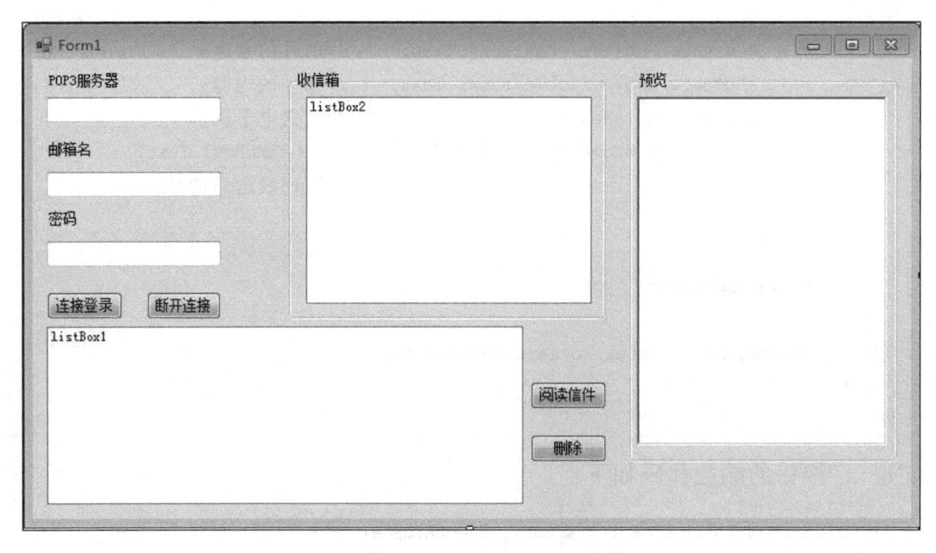

图 7-5 邮件接收界面

该程序中的控件描述如表 7-4 所示。

表 7-4 服务器端控件描述

名　称	控件类型	功能描述
Form1	Form	程序主窗体
textBox1	TextBox	邮箱名称编辑框
textBox2	TextBox	邮箱密码编辑框
textBox3	TextBox	POP3 服务器编辑框
richTextBox1	RichTextBox	邮件接收框
listBox1	ListBox	通信状态显示列表
listBox2	ListBox	邮件显示列表
button1	Button	“阅读信件”按钮
button2	Button	“连接登录”按钮
button3	Button	“删除”按钮
button4	Button	“断开连接”按钮

POP3 邮件接收端的界面设计步骤如下：

(1) 添加 3 个 listBox 控件、3 个 textBox 控件、两个 groupBox 控件以及 4 个 Botton 控件，如图 7-6 所示。

定义了以下几个参数：

```
private TcpClient tcpClient;
private NetworkStream networkStream;
private StreamReader sr;
private StreamWriter sw;
public Form1()

{
    InitializeComponent();
```

```
    textBox3.Text = "pop3.126.com";
    textBox1.Text = "user@126.com";          //初始时的用户,可根据自己的邮箱更改用户名
    textBox2.Text = "123456";                //初始密码,可更改
}
```

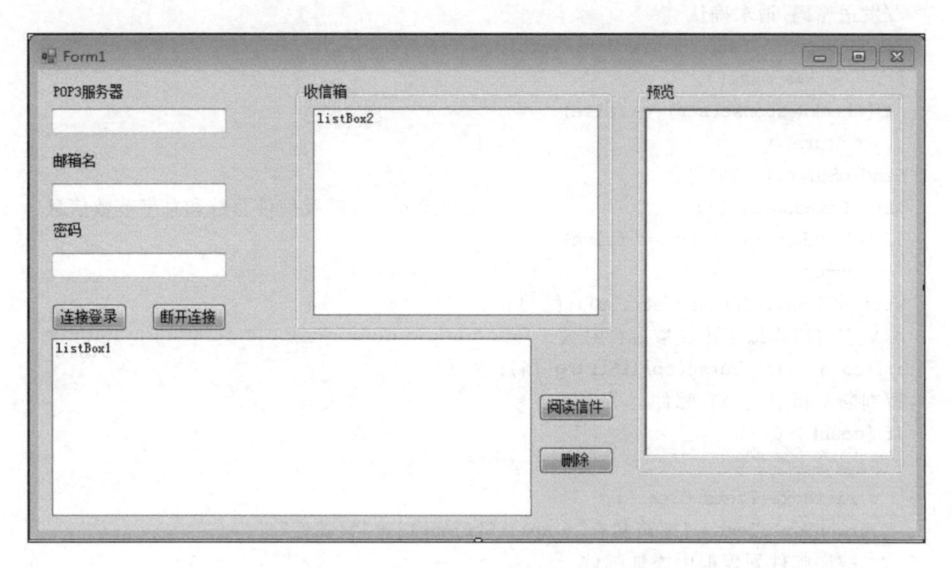

图 7-6 邮件接收

(2) “连接登录”按钮的响应代码如下：

```
//登录连接
private void button2_Click(object sender, EventArgs e)
{
    Cursor.Current = Cursors.WaitCursor;     //将鼠标变成等待时的样式
    listBox1.Items.Clear();
    try
    {
        tcpClient = new TcpClient(textBox3.Text, 110);
                                             //与 POP3 服务器建立连接,默认端口是 110
        istBox1.Items.Add("与 POP3 服务器建立连接成功");
    }
    catch
    {
        MessageBox.Show("与服务器建立连接失败");
        return;
    }
    string str;
    networkStream = tcpClient.GetStream();
    sr = new StreamReader(networkStream, Encoding.Default);
    sw = new StreamWriter(networkStream, Encoding.Default);
    sw.AutoFlush = true;
    str = GetResponse();
    if (CheckResponse(str) == false)
        return;
    //发送用户名,请求确认
```

```
        SendToServer("USER " + textBox1.Text);
        str = GetResponse();
        if (CheckResponse(str) == false)
            return;
        //发送密码,请求确认
        SendToServer("PASS " + textBox2.Text);
        str = GetResponse();
        if (CheckResponse(str) == false)
            return;
        SendToServer("LIST");
        str = GetResponse();                    //读入" + OK"及信件总数和总字节数信息
        if (CheckResponse(str) == false)
            return;
        string[] splitString = str.Split(' ');
        //从字符串中取子串获取邮件总数
        int count = int.Parse(splitString[1]);
        //判断邮箱中是否有邮件
        if (count > 0)
        {
            listBox2.Items.Clear();
           groupBox1.Text = "邮箱共有" + splitString[1] + "封邮件";
            //向邮件列表框中添加邮件
            for (int i = 0; i < count; i++)
            {
                str = GetResponse();
                splitString = str.Split(' ');
                listBox2.Items.Add(string.Format("第{0}封:{1}字节", splitString[0], splitString
[1]));
            }
            listBox2.SelectedIndex = 0;
            //读出结束符
            str = GetResponse();
            //设置对应状态信息
            button1.Enabled = true;
            button3.Enabled = true;
        }
        else
        {
            groupBox1.Text = "邮箱中没有邮件";
            button1.Enabled = false;
            button3.Enabled = false;
        }
        button2.Enabled = false;
        button4.Enabled = true;
        Cursor.Current = Cursors.Default;
}
```

(3)“阅读信件”按钮的响应代码如下：

```
//阅读邮件
private void button1_Click(object sender, EventArgs e)
```

```
{
    Cursor.Current = Cursors.WaitCursor;
    richTextBox1.Clear();
    string mailIndex = listBox2.SelectedItem.ToString();
    mailIndex = mailIndex.Substring(1, mailIndex.IndexOf("封") - 1);
    SendToServer("RETR" + mailIndex);
    string str = GetResponse();
    if (CheckResponse(str) == false)
        return;
    try
    {
        string receiveData = sr.ReadLine();
        if (receiveData.StartsWith(" - ERR") == true)
        {
            listBox1.Items.Add(receiveData);
        }
        else
        {
            while (receiveData != ".")
            {
                richTextBox1.AppendText(receiveData + "\r\n");
                receiveData = sr.ReadLine();
            }
        }
    }
    catch (InvalidOperationException err)
    {
        listBox1.Items.Add("Error:" + err.ToString());
    }
    Cursor.Current = Cursors.Default;
}
```

(4)“删除”按钮的响应代码如下：

```
//单击按钮删除所选中的邮件
  private void button3_Click(object sender, EventArgs e)
  {
      string parameter = listBox2.SelectedItem.ToString();
      parameter = parameter.Substring(1, parameter.IndexOf("封") - 1);
      SendToServer("DELE" + parameter);
      string str = GetResponse();
      if (CheckResponse(str) == false)
          return;
      richTextBox1.Clear();
      int j = listBox2.SelectedIndex;
      listBox2.Items.Remove(listBox2.Items[j].ToString());
      MessageBox.Show("删除成功");
  }
```

(5)“断开连接”按钮的响应代码如下：

```
private void button4_Click(object sender, EventArgs e)
```

```
{
    SendToServer("QUIT");
    sr.Close();
    sw.Close();
    networkStream.Close();
    tcpClient.Close();
    listBox1.Items.Clear();
    listBox2.Items.Clear();
    richTextBox1.Clear();
    groupBox1.Text = "收信箱";
    button2.Enabled = true;
    button4.Enabled = false;
}
```

(6) 其中单独建立了 3 个方法:

```
//用来写入传送字符串
    private bool SendToServer(string str)
    {
        try
        {
            sw.WriteLine(str);
            sw.Flush();
            listBox1.Items.Add("发送:" + str);
            return true;
        }
        catch (Exception err)
        {
            listBox1.Items.Add("发送失败: + err.Message);
            return false;
        }
    }
    //用来获取服务器返回信息
    private string GetResponse()
    {
        string str = null;
        try
        {
            str = sr.ReadLine();
            if (str == null)
            {
                listBox1.Items.Add("收到:null");
            }
            else
            {
                listBox1.Items.Add("收到:" + str);
            }
        }
        catch (Exception ex)
        {
            listBox1.Items.Add("接收失败:" + ex.Message);
```

```
            }
            return str;
        }
        private bool CheckResponse(string responseString)
        {
            if (responseString == null)
            {
                return false;
            }
            else
            {
                if (responseString.StartsWith(" + OK"))
                {
                    return true;
                }
                else
                {
                    return false;
                }
            }
        }
```

本例效果图如图 7-7 所示。

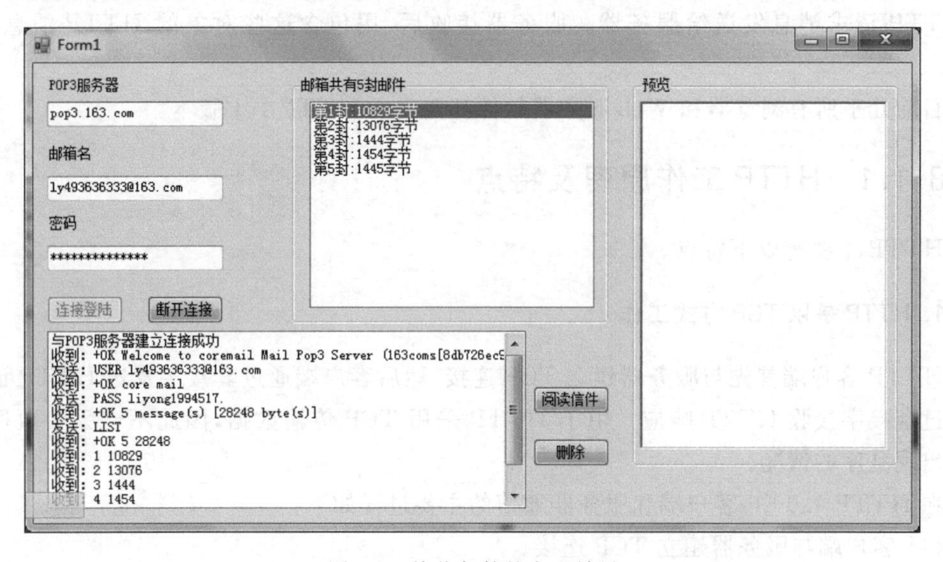

图 7-7　接收邮件的实现效果

第8章 基于HTTP的Web程序开发技术

8.1 HTTP简介

在TCP/IP体系结构中,HTTP属于应用层协议,位于TCP/IP的最高层。HTTP是通过因特网传送万维网文档的数据传送协议,它详细规定了浏览器和万维网服务器之间互相通信的规则,定义了Web客户端如何从Web服务器请求Web页面,以及服务器如何把Web页面传送给客户端。

当用户请求一个Web页面,例如,单击某个超链接时,浏览器将请求该页面中各个对象的HTTP请求消息发送给服务器。服务器接收后,用包含这些对象的HTTP消息作为响应。

目前几乎所有浏览器和Web服务器软件都实现了HTTP 1.1版本。

8.1.1 HTTP工作原理及特点

HTTP主要有以下特点。

1. HTTP是以TCP方式工作

HTTP客户端首先与服务器建立TCP连接,然后客户端通过套接字发送HTTP请求,并通过套接字接收HTTP响应。由于HTTP采用TCP传输数据,因此不会丢失数据,也不会出现乱序的情况。

在HTTP 1.0中,客户端和服务器通信的主要过程如下:

(1) 客户端与服务器建立TCP连接。

(2) 客户端向服务器提出请求。

(3) 如果服务器接收请求,则回送响应码和所需的信息。

(4) 客户端与服务器断开TCP连接。

注意,HTTP 1.1支持持久连接,即客户端和服务器建立连接后,可以发送请求和接收应答,然后迅速地发送另一个请求和接收另一个应答。同时,持久连接也使得在得到上一个请求的应答之前可以发送多个请求,这是HTTP 1.1与HTTP 1.0明显不同的地方。

除此之外,HTTP 1.1可以发送的请求类型也比HTTP 1.0多。

2. HTTP是无状态的

“无状态”的含义是，客户端发送一次请求后，服务器并没有存储关于该客户端的任何状态信息。即使客户端再次请求同一个对象，服务器仍会重新发送这个对象，而不管之前是否已经向客户端发送过这个对象。

3. HTTP使用元信息作为标头

HTTP通过添加标头(header)的方式向服务器提供本次HTTP请求的相关信息，即在主要数据前添加一部分信息，称为元信息(metainformation)。例如，传送的对象属于哪种类型，采用的是哪种编码等。

8.1.2　HTTP协议

客户端程序向服务器端发送的请求可以有不同的类型，服务器根据不同的类型进行不同的处理，然后将相应结果返回给客户端。

客户端程序显示的每个Web页面一般都由多个对象构成。对象(object)是指由单个URL寻址的文件，其中一个对象是HTML源文件，其他的对象可以是JPEG图像、GIF图像以及语音片段等。例如，如果一个Web页面包含5个JPEG图像，那么该页面由6个对象构成，1个是HTML源文件，另外5个是图像文件。HTML源文件使用相应的URL来引用本页面的其他对象。

1. HTTP请求

在早期的HTTP 1.0中，定义了3种最基本的请求类型：GET、POST和HEAD。客户端程序用大写指令将请求发送给服务器，后面跟随具体的数据。由于这些请求的类型实际上是告诉服务器采用什么方法(method)来处理客户端的请求，所以也将这些请求的类型称为请求的方法。

HTTP 1.1提供了8种HTTP请求的方法，如表8-1所示。

表8-1　HTTP 1.1提供的请求方法

请求的方法名	说　明
GET	请求获取特定的资源，例如，请求一个Web页面
POST	请求向指定资源提交数据进行处理(例如，提交表单或者上传文件)，请求的数据被包含在请求体中
PUT	向指定资源位置上传最新内容，例如，请求存储一个Web页面
HEAD	向服务器请求获取与GET请求相一致的响应，只不过响应体将不会被返回。这一方法可以在不必传输整个响应内容的情况下，就可以获取包含在响应消息头中的元信息
DELETE	请求删除指定的资源
OPTIONS	返回服务器针对特定资源所支持的HTTP请求方法
TRACE	回显服务器收到的请求
CONNECT	预留给能够将连接改为管道方式的代理服务器

在这些方法中,最常用的是 GET 方法和 POST 方法,也叫 GET 请求和 POST 请求。

如果服务器不支持客户端发送的请求方法,则服务器将返回错误并立即关闭连接。

有两点需要注意,一是请求的方法名称区分大小写,二是 HTTP 服务器至少应该实现 GET 和 HEAD 方法,其他方法都是可选的。

在 Windows 应用程序中,可以用 HttpWebRequest 的 Method 属性设置请求的方法。例如,下面的代码设置 HTTP 请求的方法为"POST":

```
String uri = "http://www.baidu.com";
HttpWebRequest request = (HttpWebRequest)HttpWebRequest.Create(uri);
Request.Method = "POST";
```

如果不设置 Method 属性,系统默认请求的方法为 GET。

当客户端将 HTTP 请求发送到服务器时,其内部发送格式如下所示:

```
<request - line>
<headers>
<blank line>
[<request - body>]
```

在 HTTP 请求中,第一行必须是一个请求行(request-line),说明请求类型、要访问的资源以及使用的 HTTP 版本;紧接着是标头(header)部分,说明服务器要使用的附加信息,这部分一般由多行组成;标头之后是一个空行(blank line),表明标头结束;空行之后是请求的主体(request-body),主体中可以包含任意的数据。

请求行和标头必须以回车换行(即<CR><LF>)作为结尾。空行内必须只有<CR><LF>而无其他空格。在 HTTP 1.1 中,标头部分除了 Host 外,其他都是可选的。

虽然 HTTP 1.1 定义了大量的请求类型,但是对于程序员来说,一般关心的只有 GET 请求和 POST 请求。

在 ASP.NET 中,原始请求使用的是 GET 请求(也叫 GET 方法),回发和跨页发送使用的是 POST 请求(也叫 POST 方法)。

1) GET 请求

GET 请求是最为常见的一种请求,表示客户端告诉服务器获取哪些资源。GET 请求后面跟随一个网页的位置,服务器接收请求并返回其请求的页面。除了页面位置作参数之外,这种请求还可以跟随协议的版本如 HTTP 1.0 等作为参数,以发送给服务器更多的信息。

例如,用户在 Web 浏览器上输入"www.baidu.com",此时浏览器向服务器发送的就是一个 GET 请求,其内部发送的信息如下所示:

```
GET  /HTTP/1.1
Host: www.baidu.com
User - Agent: (此处省略)
Connection:Keep - Alive
(此处为一空行)
```

第一行由三部分组成，分别是“GET”“/”和“HTTP/1.1”。第一部分说明该请求是GET请求；第二部分说明请求的是该域名的根目录；第三部分说明使用的是HTTP 1.1版本。

第二行是Host标头，指出请求的目的地。结合Host和上一行中的斜杠(/)，可以通知服务器请求的是www.baidu.com/(HTTP 1.1才需要使用标头Host)。

第三行是User-Agent标头，服务器和客户端脚本都能够访问它，它是浏览器类型检测逻辑的重要基础。该信息是由使用的浏览器来定义的，并且在每个请求中都会自动发送。

第四行是Connection标头，通常将浏览器操作设置为Keep-Alive(也可以设置为其他值)。

最后一行为空行，表示标头结束。注意：即使不存在请求的主体部分，这个空行也是必需的。

2) POST请求

POST请求要求服务器接收大量的信息。与GET请求相比，POST请求不是将请求参数附加在URL后面，而是在请求主体中为服务器提供附加信息。

POST请求一般用于客户端填写在Web表单(Form)中的内容后，将这些填入的数据以POST请求的方式发送给服务器。

对于ASP.NET网页，当用户通过客户端浏览器在Web页面中填入数据，然后单击“提交”按钮时，客户端服务器发送的就是POST请求。

例如，利用baidu采用POST方式将“图片”两个汉字翻译为英文时，其内部向服务器发送的代码形式如下：

```
POST/HTTP/1.1
Host: www.baidu.com
User - Argent:...
Content - Type: application/x - www - form - urlencoded
Content - Length: 35
Connection: Keep - Alive
(此处为一空行)
#zh - CN|en| %E5 %9B %BE %E7 %89 %87
```

从这段代码可以发现，与GET请求相比，第一行开始处改成了POST，而Host标头和User-Agent标头不变，但是其后有两个新行。其中，Content-Type标头说明请求主体的内容是如何编码的，此例是以application/x-www-form-urlencoded格式编码来传送数据，这是针对简单URL编码的MIME类型；Content-Length标头说明请求主体的字节数。在Connection标头后是一个空行，再后面就是请求的主体。

3) HEAD请求

HEAD请求在客户端程序和服务器端之间进行交流，而不会返回具体的文档。因此，HEAD方法通常不单独使用，而是和其他的请求方法一起起到辅助作用。

例如，一些搜索引擎使用的自动搜索机器人采用HEAD请求来获得网页的标志信息，或者进行安全认证时，使用HEAD请求来传递认证信息等。

2. HTTP 响应

客户端向服务器发送请求后,服务器会回送 HTTP 响应。HTTP 响应的一般格式为:

```
<status-line>
<headers>
<blank line>
[<response-body>]
```

对于 HTTP 响应来说,它与 HTTP 请求相比,唯一的区别是第一行中用状态信息代替了请求信息。状态行(status line)通过提供一个状态码来说明所请求的资源情况。

所有 HTTP 响应的第一行都是状态行,该行内容依次是当前 HTTP 版本号、3 位数字组成的状态码以及描述状态的短语,各项之间用空格分隔。

状态码的第一个数字代表当前响应的类型,具体规定如下。

1xx 消息:请求已被服务器接收,继续处理。

2xx 成功:请求已成功被服务器接收、理解并接收。

3xx 重定向:需要后续操作才能完成这一请求。

4xx 请求错误:请求含有词法错误或者无法被执行。

5xx 服务器错误:服务器在处理某个正确请求时发生错误。

表 8-2 列出了最常用的状态码及状态信息。

表 8-2 HTTP 的常用状态码

状 态 码	说 明
200 OK	找到了该资源,并且一切正常
304 NOT MODIFIED	该资源在上次请求之后没有任何修改。这通常用于浏览器的缓存机制
401 UNAUTHORIZED	客户端无权访问该资源。这通常会使得浏览器要求用户输入用户名和密码,以登录到服务器
403 FORBIDDEN	客户端未授权。这通常是在 401 之后输入了不正确的用户名或密码
404 NOT FOUND	在指定的位置不存在所申请的资源
405 Method Not Allowed	不支持对应的请求方法
501 Not Implemented	服务器不能识别请求或者未实现指定的请求

状态行之后是标头信息。一般情况下,服务器会返回一个名为 Date 的标头,表示响应生成的日期和时间,同时服务器还可能会返回一些关于其自身的信息。接下来的两个标头是与 POST 请求中一样的 Content-Type 和 Content-Length。在上面的返回信息中,首部 Content-Type 指定了 MIME 类型 HTML(text/html),编码类型是 GB2312。响应主体所包含的就是所请求资源的 HTML 源文件内容。

对于客户端浏览器来说,它接收到 HTTP 响应后,会自动分析 HTML 源文件,然后将其显示出来,这就是我们通过浏览器看到的页面。

注意,这里并没有指明客户端使用的是哪种请求类型,这是因为请求是由客户端发出的,客户端自然知道每种类型的请求将返回什么数据,也知道如何处理服务器返回的数据,所以不需要服务器告诉它响应的是哪种类型的请求。

8.2　.NET 下的 HTTP 程序开发技术

8.2.1　HTTP 程序开发相关类

1. WebRequest 类

WebRequest 类是.NET Framework 的请求/响应模型的抽象(abstract)基类,用于访问 Internet 数据。它允许使用该请求/响应模型的应用程序可以用协议不可知的方式从 Internet 请求数据。

2. HttpWebRequest 类

HttpWebRequest 类是针对 HTTP 的特定实现。该类通过 HTTP 和服务器交互。HttpWebRequest 类对 HTTP 进行了完整的封装,例如,对 HTTP 中的 Header、Content、Cookie 都提供了对应的属性和方法。利用 HttpWebRequest 类,可以很容易地写出一个模拟浏览器自动登录的程序。

表 8-3 列出了 HttpWebRequest 类的常用属性和方法。

表 8-3　HttpWebRequest 类的常用属性和方法

名　　称	说　　明
Method 属性	获取或设置如何请求 Internet 资源,默认值是 GET。可以将 Method 属性设置为任何 HTTP 1.1 支持的方法,如 GET、HEAD、POST 等
Headers 属性	构成 HTTP 标头的"名称/值"对的集合
ContentLength 属性	获取或设置 Content-Length 的 HTTP 标头,表示将要发送到 Internet 资源的数据的字节数。默认值为－1,意思是尚未设置该属性并且没有要发送的数据。除－1 以外的其他任何值都表示将上传数据并且只允许在 Method 属性中设置上传数据采用的方法
ContentType 属性	获取或设置 ContentType 的 HTTP 标头的值,即请求的媒体类型,默认值为 null。使用 POST 时,一般将该属性设置为 application/x-www-from-urlencoded 或者其他值
HaveResponse 属性	获取一个 bool 值,指示是否收到了来自 Internet 资源的响应
Abort 方法	取消对资源的请求。请求取消后,调用 GetResponse、BeginGetResponse 等方法会引发 WebException,并且 Status 属性设置为 RequestCanceled
BeginGetRequestStream 方法	开始对用于发送 HttpWebRequest 数据流的异步请求。使用此方法时,必须使用 BeginGetResponse 方法检索响应
EndGetRequestStream 方法	结束对用于写入数据的 Stream 对象的异步请求。返回 Stream 对象后,可以使用 Stream. Write 方法发送带有 HttpWebRequest 的数据。注意:必须先设置 ContentLength 属性的值,然后才能将数据写入;并且必须调用 Stream. Close 来关闭该流并释放连接
BeginGetResponse 方法	开始对 Internet 资源响应的异步请求。异步回调方法使用 EndGetResponse 方法返回实际的 WebResponse。如果调用 BeginGetRequestStream 方法,则必须使用 BeginResponse 方法来检索

续表

名　　称	说　　明
EndGetResponse 方法	完成对通过调用 BeginGetResponse 方法启动的 Internet 资源的异步请求
GetResponse 方法	返回响应的 WebResponse 对象，由于 WebResponse 是抽象基类，所以该方法实际返回的实例是 HttpWebResponse

3. WebRequest 类

WebRequest 类是一个 Abstract 类，所以不能使用它的构造函数来创建该类的实例，而应该使用 Create 方法初始化新的 WebRequest 实例，至于 WebRequest 实例在运行时的实际行为，则由 Create 方法所返回的子类来确定。例如，对于 HTTP，可以用下面的代码创建 HttpWebRequest 的实例：

```
HttpWebRequest request = (HttpWebRequest)WebRequest.Create(uriString);
```

该语句中的 WebRequest. Create 也可以写成 HttpWebRequest. Create，但由于 HttpWebRequest 类不是 WebRequest 类的派生类，所以 HttpWebRequest. Create 实际调用的就是基类的 Create 方法。也就是说，不论用 HttpWebRequest. Create 还是 WebRequest. Create，它默认返回的都是 WebRequest 类型的实例，所以需要将其显式转换为 HttpWebRequest 类型。

4. Uri 类

Uri 类定义了属性和方法来处理 URI，包括分析、比较和组合。Uri 类属性是只读的，修改 Uri 实例需要使用 UriBuilder 类。

Uri 类只存储绝对 URI，如“http://www. contoso. com/index. htm”。相对 URI，如“//new/index. htm”，必须相对于基 URI 展开，这样才是绝对的。如果希望将绝对 URI 转换为相对 URI，可以使用 MakeRelativeUri 方法。

为了使 URI 具有规范化格式，Uri 构造函数执行以下步骤：

(1) 将 URI 方案转换为小写。

(2) 将主机名转换为小写。

(3) 移除默认端口号和空端口号。

(4) 移除多余的段(如“/”和“/test”段)以简化 URI。

下面的代码创建 Uri 类的实例，并用它来创建：

```
WebRequestUri siteUri = new Uri("http://www.contoso.com/");
WebRequest request = WebRequest.Create(siteUri);
```

8.2.2 Web 中的数据提交

程序使用 HTTP 协议和服务器交互主要是进行数据的提交，通常数据的提交是通过 GET 和 POST 两种方式来完成。下面对这两种方式进行说明。

1. GET 方式

GET 方式通过在网络地址中附加参数来完成数据的提交，例如在地址 http://www.google.com/webhp? hl=zh-CN 中，前面部分 http://www.google.com/webhp 表示数据提交的网址，后面部分 hl=zh-CN 表示附加的参数，其中 hl 表示一个键(key)，zh-CN 表示这个键对应的值(value)。

2. POST 方式

POST 方式通过在页面内容中填写参数的方法来完成数据的提交，参数的格式和 GET 方式一样，是类似于 hl=zh-CN&newwindow=1 这样的结构。

3. 使用 GET 方式提交中文数据

对于中文的编码，常用的有 gb2312 和 utf8 两种编码方式。由于无法告知对方提交数据的编码类型，所以编码方式要以对方的网站为标准。常见的网站中，www.baidu.com(百度)的编码方式是 gb2312，www.google.com(谷歌)的编码方式是 utf8。

4. 使用 POST 方式提交中文数据

由于 POST 方式提交的参数中可以说明使用的编码方式，所以理论上能获得更大的兼容性。从上面的代码可以看出，使用 POST 方式提交中文数据时，先使用 UrlEncode 方法将中文字符转换为编码后的 ASCII 码，然后提交到服务器，提交时可以说明编码的方式，使对方服务器能够正确地解析。

以上列出了客户端程序使用 HTTP 协议与服务器交互的情况，常用的是 GET 和 POST 方式。现在流行的 WebService 也是通过 HTTP 协议来交互的，使用的是 POST 方式。与以上稍有不同的是，WebService 提交的数据内容和接收到的数据内容都是使用了 XML 方式编码。所以，HttpWebRequest 也可以在调用 WebService 的情况下使用。

8.2.3 Web 数据交换举例

1. 利用 GET 方法提交请求的数据

使用 GET 方法提交请求，可以在 URL 地址中直接附加请求的参数，参数与请求的地址之间用"?"隔开，各参数之间用"&"分隔。如果参数包含汉字或者特殊符号，还要对这些参数进行 URL 编码。

【例 8-1】 利用百度搜索引擎和 HTTP 的 GET 方法，通过程序输入搜索内容，然后将百度服务器返回的 HTML 源代码显示出来，如图 8-1 所示。

对应的"确定"按钮事件代码如下：

```
private void buttonOK_Click(object sender, EventArgs e)
  {
      Encoding utf8Encoding = Encoding.GetEncoding("UTF - 8");
      string uri = "http://www.baidu.com/s?wd = " +
          System.Web.HttpUtility.UrlEncode(textBox1.Text, utf8Encoding);
      HttpWebRequest request = (HttpWebRequest)HttpWebRequest.Create(uri);
```

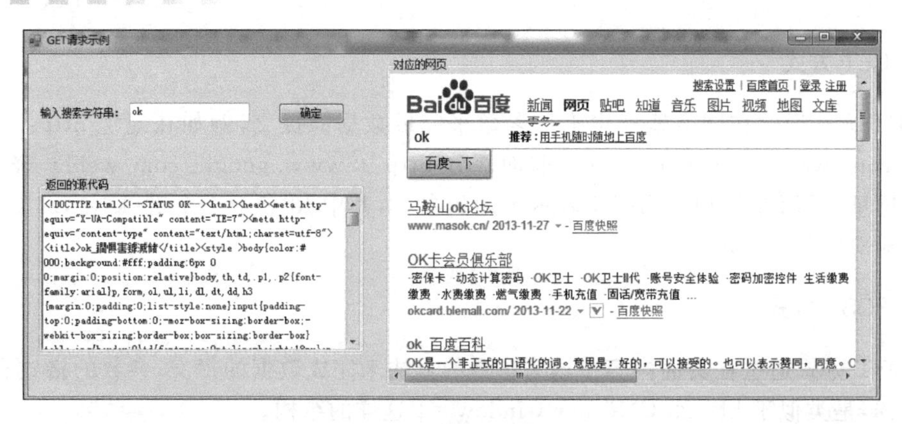

图 8-1　源代码显示实现

```
        using (HttpWebResponse response = (HttpWebResponse)request.GetResponse())
        {
            Stream stream = response.GetResponseStream();
            StreamReader sr = new StreamReader(stream, Encoding.Default);
            richTextBox1.Text = sr.ReadToEnd();
            stream.Close();
            sr.Close();
            stream.Close();
        }
        webBrowser1.DocumentText = richTextBox1.Text;
    }
```

这里我们看到并没有指明哪种方法，这是因为 HttpWebRequest 对象默认使用的就是 GET 方法。

代码中“Encoding utf8Encoding=Encoding.GetEncoding("UTF-8");”用于对 UTF-8 编码的汉字参数进行编码。

2. 利用 POST 方法提交请求的数据

POST 方法主要用于填写 Web 页面表单(Form)中的信息，并将其提交到 Web 服务器。

【例 8-2】 创建一个 Windows 应用程序，利用 HTTP 的 POST 方法向某个 Web 页面中填写信息，然后自动提交到 Web 服务器，并显示返回结果，如图 8-2 所示。

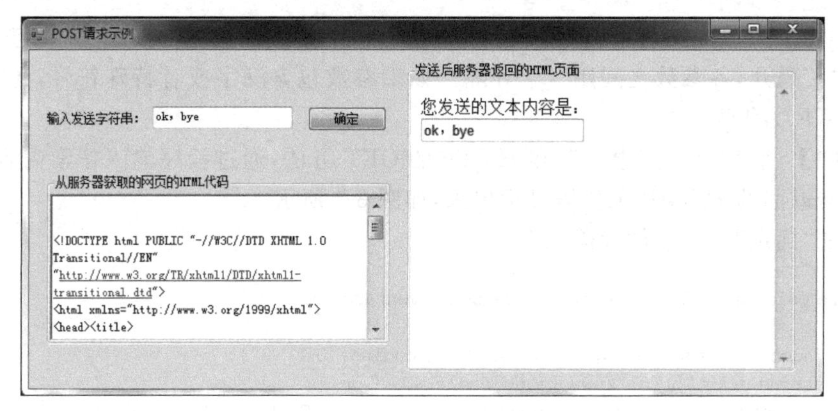

图 8-2　Web 实现并显示返回结果

(1) 为了测试提交结果,创建一个 ASP. NET Web 应用程序,如图 8-3 和图 8-4 所示。

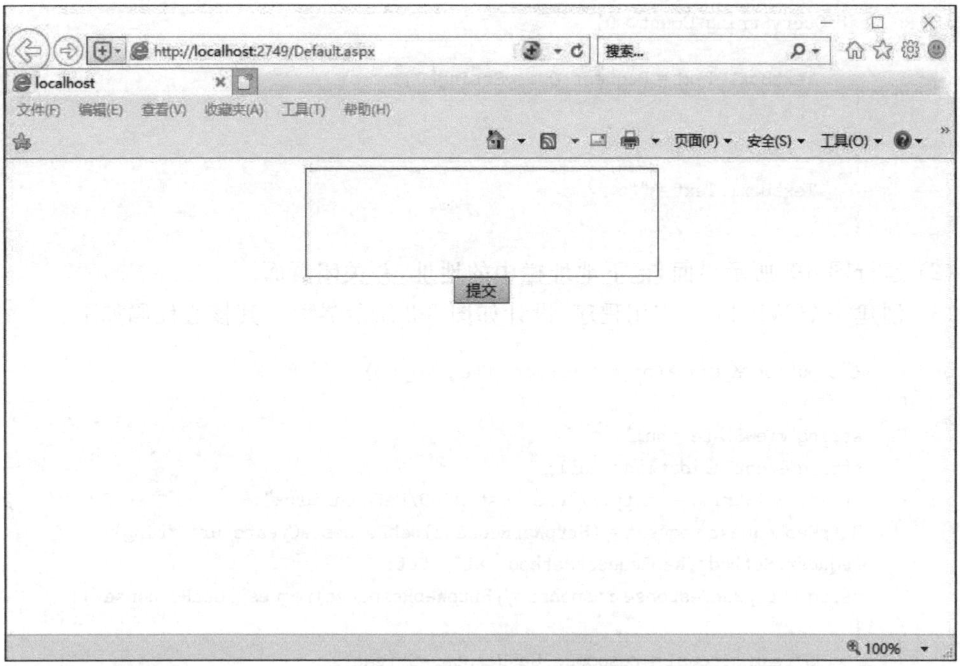

http://localhost:2749/Default.aspx
搜索...
localhost
文件(F) 编辑(E) 查看(V) 收藏夹(A) 工具(T) 帮助(H)
页面(P) 安全(S) 工具(O)
提交
100%

图 8-3　测试网页界面设计

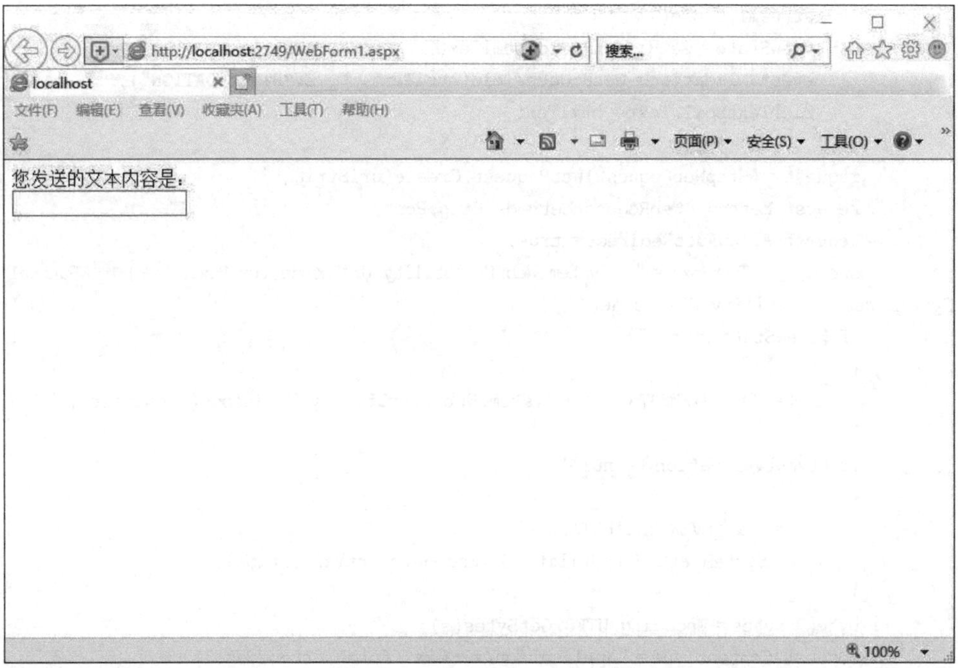

http://localhost:2749/WebForm1.aspx
搜索...
localhost
文件(F) 编辑(E) 查看(V) 收藏夹(A) 工具(T) 帮助(H)
页面(P) 安全(S) 工具(O)
您发送的文本内容是:
100%

图 8-4　返回情况界面设计

在图 8-3 所示界面中,有一个文本框和一个按钮。"提交"按钮事件如下:

```
Response.Redirect("WebForm1.aspx?text = " + HttpUtility.UrlEncode(TextBox1.Text));
```

在图 8-4 所示界面中,将显示传递的文本信息。Load 事件如下:

```
if (Request.QueryString.Count > 0)
        {
            TextBox1.Text = Request.QueryString[0];
        }
        else
        {
            TextBox1.Text = "";
        }
```

(2) 运行图 8-3 所示界面,记下地址栏中的地址,并关闭页面。

(3) 创建一个 Windows 应用程序,设计如图 8-2 所示界面。其核心代码如下:

```
private void buttonOK_Click(object sender, EventArgs e)
    {
        string viewState = null;
        string eventValidation = null;
        string uriString = "http://localhost:2749/Default.aspx";
        HttpWebRequest request = (HttpWebRequest)WebRequest.Create(uriString);
        request.Method = WebRequestMethods.Http.Get;
        using (HttpWebResponse response = (HttpWebResponse)request.GetResponse())
        {
            Stream stream1 = response.GetResponseStream();
            StreamReader sr = new StreamReader(stream1, Encoding.UTF8);
            string htmlText = sr.ReadToEnd();
            stream1.Close();
            viewState = GetHiddenField(htmlText, "__VIEWSTATE");
            eventValidation = GetHiddenField(htmlText, "__EVENTVALIDATION");
            richTextBox1.Text = htmlText;
        }
        request = (HttpWebRequest)WebRequest.Create(uriString);
        request.Method = WebRequestMethods.Http.Post;
        request.AllowAutoRedirect = true;
        string s = "TextBox1 = " + System.Web.HttpUtility.UrlEncode(textBox1.Text) + "&Button1 = " +
System.Web.HttpUtility.UrlEncode("提交");
        if (viewState != null)
        {
            s += "&__VIEWSTATE = " + System.Web.HttpUtility.UrlEncode(viewState);
        }
        if (eventValidation != null)
        {
            s += "&__EVENTVALIDATION = " +
                System.Web.HttpUtility.UrlEncode(eventValidation);
        }
        byte[] bytes = Encoding.UTF8.GetBytes(s);
        request.ContentType = "application/x - www - form - urlencoded";
        //request.ContentType = "multipart/form - data";
        request.ContentLength = bytes.Length;
        Stream stream = request.GetRequestStream();
        stream.Write(bytes, 0, bytes.Length);
        stream.Close();
```

```
        using (HttpWebResponse response = (HttpWebResponse)request.GetResponse())
        {
            Stream dataStream = response.GetResponseStream();
            StreamReader sr1 = new StreamReader(dataStream, Encoding.UTF8);
            webBrowser1.DocumentText = sr1.ReadToEnd();
            dataStream.Close();
            sr1.Close();
        }
    }

    private static string GetHiddenField(string htmlText, string matchFieldName)
    {
        Regex r = new Regex("<input type = \"hidden\"" +
            " name = \"" + matchFieldName + "\"" +
            " id = \"" + matchFieldName + "\"" +
            " value = \"(?<matchValue>[^\"]+)\"");
        Match m = r.Match(htmlText);
        if (m.Success)
        {
            return m.Groups["matchValue"].Value;
        }
        return null;
    }
```

在这段代码中，首先利用HTTP的GET方法获取图8-3所示页面的HTML源代码，并将源代码显示在textbox中，同时利用正则表达式判断HTML源代码中是否包含__VIEWSTATE和__EVENTVALIDATION两个隐含字段的值，这是模拟提交ASP.NET网页的按钮时必须同时提交的数据。

得到图8-3所示页面的HTML源代码和隐含字段后，再利用HTTP的POST方法写入文本数据和提交按钮。最后把提交后返回的HTML页面内容显示出来。

8.3　编写HTTP下的多线程文件下载器

HTTP下的多线程文件下载器可以实现从特定网站下载指定的文件，功能类似于现在网络上流行的迅雷等下载器。正因为采用了多线程下载技术，所以文件下载的速度非常快。

8.3.1　网络资源有效性检测

下载数据时，首先要确定这个资源是否有效，即能不能下载。利用HTTP的HEAD方法，根据标头返回的状态，即可确定资源的可用性。实现代码如下：

```
public static bool IsWebResourceAvailable(string uri)
  {
      try
      {
          HttpWebRequest request = (HttpWebRequest)WebRequest.Create(uri);
          request.Method = WebRequestMethods.Http.Head;
```

```
            request.Timeout = 2000;
            HttpWebResponse response = (HttpWebResponse)request.GetResponse();
            return (response.StatusCode == HttpStatusCode.OK);
        }
        catch (WebException ex)
        {
            System.Diagnostics.Trace.Write(ex.Message);
            return false;
        }
    }
```

这段代码中参数 uri 是资源的地址，如果资源可用，该方法返回 true，否则返回 false。

8.3.2 使用多线程下载文件

【例 8-3】 创建一个 Windows 应用程序，利用 HTTP 和多线程下载技术，从网上下载指定文件。运行界面如图 8-5 所示。

(1) 为了提供被下载的 HTTP 文件，先创建一个 Web 应用程序，并在其目录下放置一个文件，然后在页面上放置该文件的超链接，如图 8-6 所示。

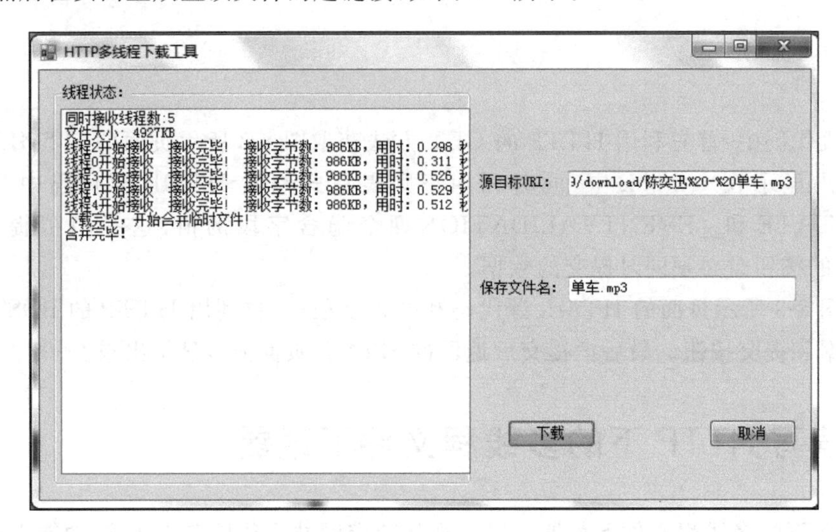

图 8-5 例 8-3 的运行界面

关于 Web 程序的相关主要代码：

```
<asp:Content ID = "BodyContent" runat = "server" ContentPlaceHolderID = "MainContent">
    <h2>
        欢迎使用 ASP.NET!
    </h2>
    <p>
        若要了解关于 ASP.NET 的详细信息，请访问<a href = "http://www.asp.net/cn" title = "
ASP.NET 网站">www.asp.net/cn</a>。
    </p>
    <p>
        您还可以找到<a href = "http://go.microsoft.com/fwlink/?LinkID = 152368"
            title = "MSDN ASP.NET 文档>MSDN 上有关 ASP.NET 的文档</a>。
```

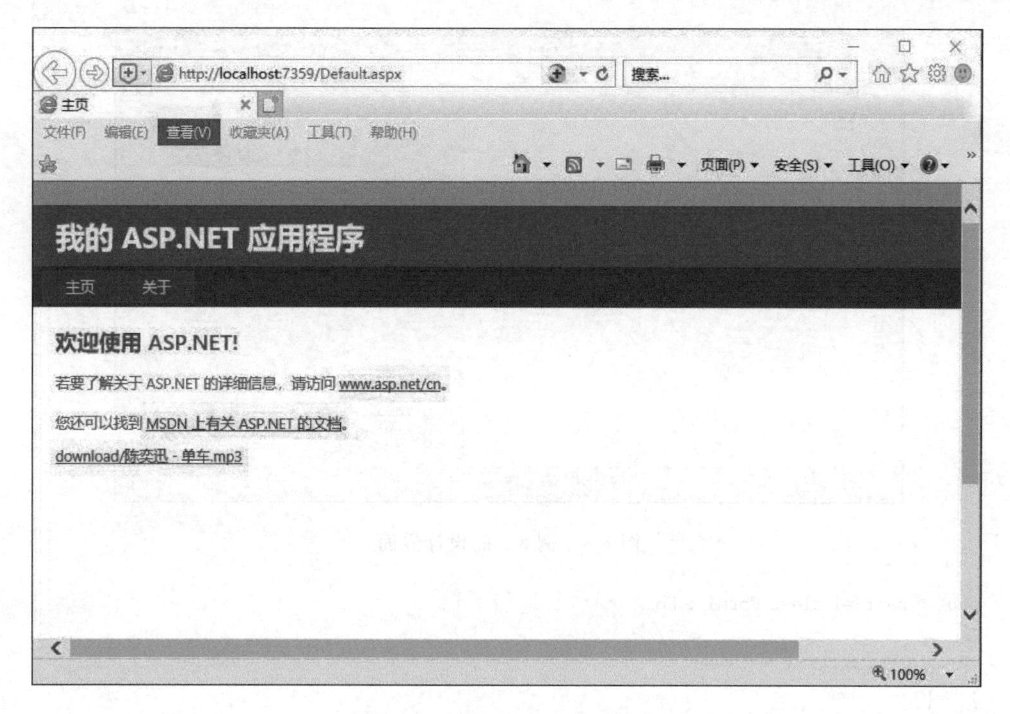

图 8-6　测试用 Web 应用程序

```
    </p>
        <a href = "download/陈奕迅 - 单车.mp3">download/陈奕迅 - 单车.mp3</a>
</asp:Content>
```

(2) 运行该程序，单击超链接，系统会自动弹出下载对话框，记录对话框中的地址，以便在 Windows 应用程序中使用，如图 8-7 所示。

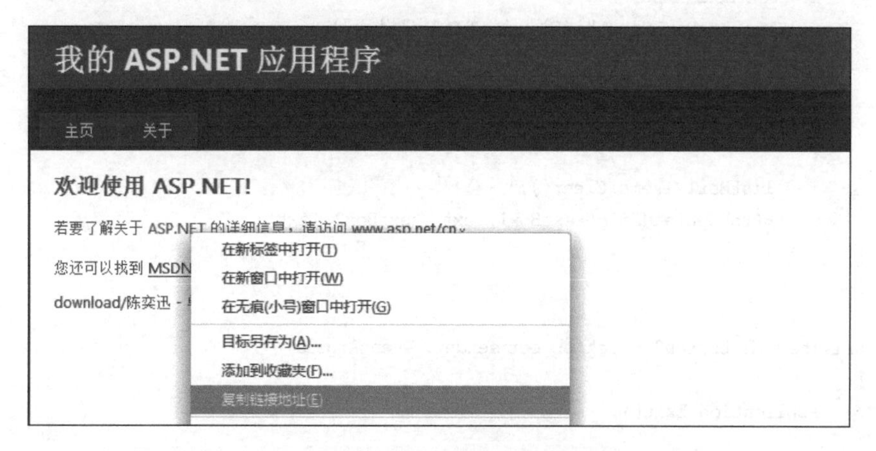

图 8-7　记录链接地址

(3) 新建一个 Windows 应用程序，设计如图 8-8 所示界面。

(4) 编写代码，添加对应事件，主要代码如下：

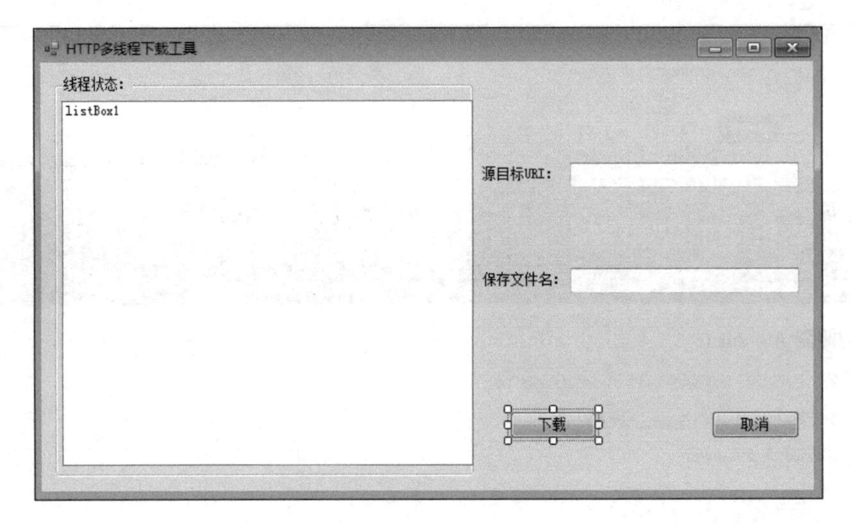

图 8-8　例 8-3 的设计界面

```
public partial class Form1 : Form
{
    public Form1()
    {
        InitializeComponent();
    }
    /// <summary>
    /// 同时接收线程数
    /// </summary>
    public const int threadNumber = 5;

    private void button1_Click(object sender, EventArgs e)
    {
        if (textBox1.Text == "")
            MessageBox.Show("请输入源 URI!", "提示");
        else if (textBox2.Text == "")
            MessageBox.Show("请输入保存文件名!", "提示");
        else
        {
            listBox1.Items.Clear();
            HttpDownloadFile(textBox1.Text, textBox2.Text);
        }
    }

    private void button2_Click(object sender, EventArgs e)
    {
        Application.Exit();
    }

    /// <summary>
    /// 下载文件
    /// </summary>
    /// <param name = "sourceUri">源文件的 Uri</param>
```

```
/// <param name = "targetFileName">保存的目标文件 t</param>
private void HttpDownloadFile(string sourceUri, string targetFileName)
{
    if (IsWebResourceAvailable(sourceUri) == false)
    {
        MessageBox.Show("指定的资源无效!");
        return;
    }
    listBox1.Items.Add("同时接收线程数:" + threadNumber);
    HttpWebRequest request;
    long fileSize = 0;
    try
    {
        request = (HttpWebRequest)HttpWebRequest.Create(sourceUri);
        request.Method = WebRequestMethods.Http.Head;
        //取得目标文件的长度
        HttpWebResponse response = (HttpWebResponse)request.GetResponse();
        fileSize = response.ContentLength;
        listBox1.Items.Add("文件大小: " + Math.Ceiling(fileSize / 1024.0f) + "KB");
        response.Close();
    }
    catch (Exception ex)
    {
        MessageBox.Show(ex.Message);
    }
    //平均分配每个线程应该接收文件的大小
    int downloadFileSize = (int)(fileSize / threadNumber);
    HttpDownload[] d = new HttpDownload[threadNumber];
    //初始化线程参数
    for (int i = 0; i < threadNumber; i++)
    {
        d[i] = new HttpDownload(listBox1, i);
        //每个线程接收文件的起始点
        d[i].StartPosition = downloadFileSize * i;
        if (i < threadNumber - 1)
        {
            //每个线程接收文件的长度
            d[i].FileSize = downloadFileSize;
        }
        else
        {
            d[i].FileSize = (int)(fileSize - downloadFileSize * (i - 1));
        }
        d[i].IsFinish = false;
        d[i].TargetFileName = Path.GetFileNameWithoutExtension(targetFileName) + ".$$" + i;
        d[i].SourceUri = textBox1.Text;
    }
    //定义线程数组,启动接收线程
    Thread[] threads = new Thread[threadNumber];
    for (int i = 0; i < threadNumber; i++)
    {
```

```
            threads[i] = new Thread(d[i].Receive);
            threads[i].Start();
        }
        //合并各线程接收的文件
        CombineFiles c = new CombineFiles(listBox1, d, textBox2.Text);
        Thread t = new Thread(c.Combine);
        t.Start();
    }
    //检测资源的有效性
    public static bool IsWebResourceAvailable(string uri)
    {
        try
        {
            HttpWebRequest request = (HttpWebRequest)WebRequest.Create(uri);
            request.Method = WebRequestMethods.Http.Head;
            request.Timeout = 2000;
            HttpWebResponse response = (HttpWebResponse)request.GetResponse();
            return (response.StatusCode == HttpStatusCode.OK);
        }
        catch (WebException ex)
        {
            System.Diagnostics.Trace.Write(ex.Message);
            return false;
        }
    }
}
```

HttpDownLoad 类中的主要代码如下：

```
public class HttpDownload
    {
        /// <summary>
        /// 接收线程是否已经完成
        /// </summary>
        public bool IsFinish { get; set; }
        /// <summary>
        /// 线程接收文件的临时文件名
        /// </summary>
        public string TargetFileName { get; set; }
        /// <summary>
        /// 线程接收文件的起始位置
        /// </summary>
        public int StartPosition { get; set; }
        /// <summary>
        /// 线程接收文件的大小
        /// </summary>
        public int FileSize { get; set; }
        /// <summary>
        /// 接收文件的 Uri
        /// </summary>
        public string SourceUri { get; set; }
```

```
private int threadIndex;
private ListBox listbox;
private Stopwatch stopWatch = new Stopwatch();
public HttpDownload(ListBox listbox, int threadIndex)
{
    this.listbox = listbox;
    this.threadIndex = threadIndex;
}
/// <summary>接收线程</summary>
public void Receive()
{
    stopWatch.Reset();
    stopWatch.Start();
    AddStatus("线程" + threadIndex + "开始接收");
    int totalBytes = 0;
    using (FileStream fs = new FileStream(TargetFileName, System.IO.FileMode.Create))
    {
        try
        {
            HttpWebRequest request = (HttpWebRequest)HttpWebRequest.Create(SourceUri);
            //接收的范围(起始位置、终止位置)
            request.AddRange(StartPosition, StartPosition + FileSize - 1);
            //获得接收流
            Stream stream = request.GetResponse().GetResponseStream();
            byte[] receiveBytes = new byte[512];
            int readBytes = stream.Read(receiveBytes, 0, receiveBytes.Length);
            while (readBytes > 0)
            {
                fs.Write(receiveBytes, 0, readBytes);
                totalBytes += readBytes;
                readBytes = stream.Read(receiveBytes, 0, receiveBytes.Length);
            }
            stream.Close();
        }
        catch (Exception ex)
        {
            AddStatus("线程" + threadIndex + "接收出错:" + ex.Message);
        }
    }
    ChangeStatus("线程" + threadIndex + "开始接收", "接收完毕!", totalBytes);
    stopWatch.Stop();
    this.IsFinish = true;
}
public delegate void AddStatusDelegate(string message);
public void AddStatus(string message)
{
    if (listbox.InvokeRequired)
    {
```

```
                AddStatusDelegate d = AddStatus;
                listbox.Invoke(d, message);
            }
            else
            {
                listbox.Items.Add(message);
            }
        }

        public delegate void ChangeStatusDelegate(string oldMessage, string newMessage, int
number);
        public void ChangeStatus(string oldMessage, string newMessage, int number)
        {
            if (listbox.InvokeRequired)
            {
                ChangeStatusDelegate d = ChangeStatus;
                listbox.Invoke(d, oldMessage, newMessage, number);
            }
            else
            {
                int i = listbox.FindString(oldMessage);
                if (i!=-1)
                {
                    string[] items = new string[listbox.Items.Count];
                    listbox.Items.CopyTo(items, 0);
                    items[i] = oldMessage + " " + newMessage
                        + " 接收字节数:" + Math.Ceiling(number / 1024.0f) + "KB"
                        + ",用时:" + stopWatch.ElapsedMilliseconds / 1000.0f + " 秒";
                    listbox.Items.Clear();
                    listbox.Items.AddRange(items);
                    listbox.SelectedIndex = i;
                }
            }
        }
    }
```

CombineFiles 类中的主要代码:

```
public class CombineFiles
    {
        //所有线程是否全部下载完毕
        private bool downloadFinish;
        private HttpDownload[] down;
        private ListBox listbox;
        string targetFileName;
        public CombineFiles(ListBox listbox, HttpDownload[] down, string targetFileName)
        {
            this.listbox = listbox;
            this.down = down;
            this.targetFileName = targetFileName;
        }
```

```
public void Combine()
{
    while (true)
    {
        downloadFinish = true;
        for (int i = 0; i < down.Length; i++)
        {
            //有未结束线程,等待
            if (down[i].IsFinish == false)
            {
                downloadFinish = false;
                Thread.Sleep(100);
                break;
            }
        }
        //所有线程均已结束,停止等待
        if (downloadFinish == true)
        {
            break;
        }
    }
    AddStatus("下载完毕,开始合并临时文件!并已将文件保存到:Http 下载工具/bin/
Debug 中!");
    FileStream targetFileStream;
    FileStream sourceFileStream;
    int readfile;
    byte[] bytes = new byte[8192];
    targetFileStream = new FileStream(targetFileName, FileMode.Create);
    for (int k = 0; k < down.Length; k++)
    {
        sourceFileStream = new FileStream(down[k].TargetFileName, FileMode.Open);
        while (true)
        {
            readfile = sourceFileStream.Read(bytes, 0, bytes.Length);
            if (readfile > 0)
            {
                targetFileStream.Write(bytes, 0, readfile);
            }
            else
            {
                break;
            }
        }
        sourceFileStream.Close();
    }
    targetFileStream.Close();
    //删除临时文件
    for (int i = 0; i < down.Length; i++)
    {
        File.Delete(down[i].TargetFileName);
```

```
            }
            DateTime dt = DateTime.Now;
            AddStatus("合并完毕!");
        }

        public delegate void AddStatusDelegate(string message);
        public void AddStatus(string message)
        {
            if (listbox.InvokeRequired)
            {
                AddStatusDelegate d = AddStatus;
                listbox.Invoke(d, message);
            }
            else
            {
                listbox.Items.Add(message);
                listbox.SelectedIndex =- 1;
            }
        }
    }
```

(5) 按 F5 键开始运行,观察运行结果。

第9章 Web Service程序开发技术

Web Service 是一种基于分布式应用程序的平台。这种平台具有操作系统和编程语言的无关性，它通过一种叫 XML 的技术去规范数据的格式。使用 XML 这种标准化的语言使得各个操作系统之间的集成能力大大增加。

9.1 Web Service 技术概述

9.1.1 Web Service 基本概念

我们举一个简单的例子来说明 Web Service。例如，有两台计算机，一台计算机使用的是 Windows 2000 操作系统，开发 Web 服务使用的语言是 C++；而另一台计算机使用的是 Linux 操作系统，选择的语言是 Java。但是它们之间依然可以通过 Web Service 互相访问，原因在于它们使用了 XML 这种统一规范的标准。Web Service 是自描述的，当发布一个 Web 服务时，给服务提供一个公有的接口。另外，服务应该包含具有可读性的文档，这样能够方便开发人员日后对程序进行整合。当创建一个 SOAP(Simple Object Access Protocol，简单对象访问协议)服务后，就必须为该服务写一个 XML 文档作为进行描述的公有接口。而文档必须包含方法名、方法参数及其返回值。

9.1.2 Web Service 的优势与短处

Web Service 具有以下优点。

(1) 可操作的分布式应用程序。

可以实现在不同的应用程序和在不同系统平台上开发出来的应用程序之间通信。与 RMI、DOCM、CORBA 最大的不同就是：Web Service 以 SOAP 作为基本通信协议从而避免了复杂的协议转换。

(2) 普遍性、使用 HTTP 和 XML 进行通信。

任何支持 HTTP 和 XML 技术的设备都可以拥有和访问 Web Service，不同平台、不同开发语言照样可以调用我们发布的 Web Service。

(3) Web Service 甚至可以穿越防火墙，真正地自由通信。

一般要访问的 Web 服务器以及要访问的 Web Service 的客户端很可能位于防火墙后面，都默认关闭其他端口而开发 HTTP 端口，而 Web service 正是基于 HTTP 的，所以它可以穿越防火墙。

(4) 通过 SOAP 协议实现异地调用。

SOAP 是 Web Service 的基本通信协议,基于 XML 协议,在分散或分布式环境中交换信息。通过 SOAP 协议可以实现不同项目、不同地点,甚至异地调用应用程序。

实际上,Web Service 的主要目标是实现跨平台的可互操作。为了达到这一目标,Web Service 完全基于 XML(可扩展标记语言)、XSD(XML Schema)等独立于平台、独立于软件供应商的标准,是创建可互操作的、分布式应用程序的新平台。

Web Service 的缺点如下:

(1) 单机应用程序。

目前,企业和个人使用着很多桌面应用程序,其中一些只需要与本机上的其他程序通信。在这种情况下,最好不要使用 Web Service,使用 COM 或本地的 API 就可以了。如果使用 Web Service 不仅消耗太大,而且不会带来任何好处。

(2) 局域网的同构应用程序。

在许多应用中,如果程序都是用 VB 或 VC 开发的,都在 Windows 平台下使用 COM,都运行在同一个局域网上。例如,有两个服务器应用程序需要相互通信,或者有一个 Win32 或 WinForm 的客户程序要连接局域网上另一个服务器的程序。则在这些程序中,使用 DCOM 会比 Web Service 有效得多。

9.1.3 Web Service 的架构

在 Web Service 架构中,有 3 种不同的角色,即服务提供者、服务使用者以及服务注册者。服务提供者的工作是:实现 Web Service 并将它发布到网上。服务使用者即 Web 服务的消费者,他通过在网络上发送一个 XML 请求来调用 Web 服务。服务注册者所起到的作用是做成一个集中式的服务目录,这个目录用于发布现有的 Web 服务的接口并允许将新发布的 Web 服务接口加入到注册目录中。

Web 服务的架构即协议栈一般来说分为四层:

1) 服务传输层

这一层负责在应用层之间传递消息,可以使用诸如 HTTP 协议、FTP 协议以及 SMTP 协议等,也就是四层中的最底层。

2) XML 消息层

在这一层中,数据被封装成两端计算机都可以识别的 XML 格式。这一层一般包括 XML-RPC 以及 SOAP 协议。

3) 服务描述层

这一层的职责是通过描述 Web 服务的共有接口来达到绑定 Web 服务的目的。目前,服务描述使用一种叫 WSDL(Web Service Description Language,网络服务描述语言)的语言。

4) 发现服务层

此层中 Web Service 被集中到一个注册目录中,此目录提供一种可以发现已经注册过的 Web 服务的方法。目前发现服务是通过一种叫 UDI(Universal Discovery Integration,通用发现与集成服务)的机制实现的。

9.2 创建和使用 Web 服务

9.2.1 创建 Web 服务

在 ASP. NET 中创建 Web Service 和写一个类文件是很相似的。Web Service 是以 . asmx 为扩展名的文本文件,但其中必须包含一条@WebService 指令用作声明。下面以一个简单的例子作为介绍。

【例 9-1】 简单加法器的 Web 服务。

实现步骤如下:

(1) 打开 VS. NET,新建一个项目,在左边的面板中选择 Visual C#选项,面板中选择"ASP. NET Web 服务应用程序"选项,并将其命名为"WebService1",如图 9-1 所示。(注:VS 2010 没有这个选项,可创建一个 Web 应用程序之后在里面添加新项。)

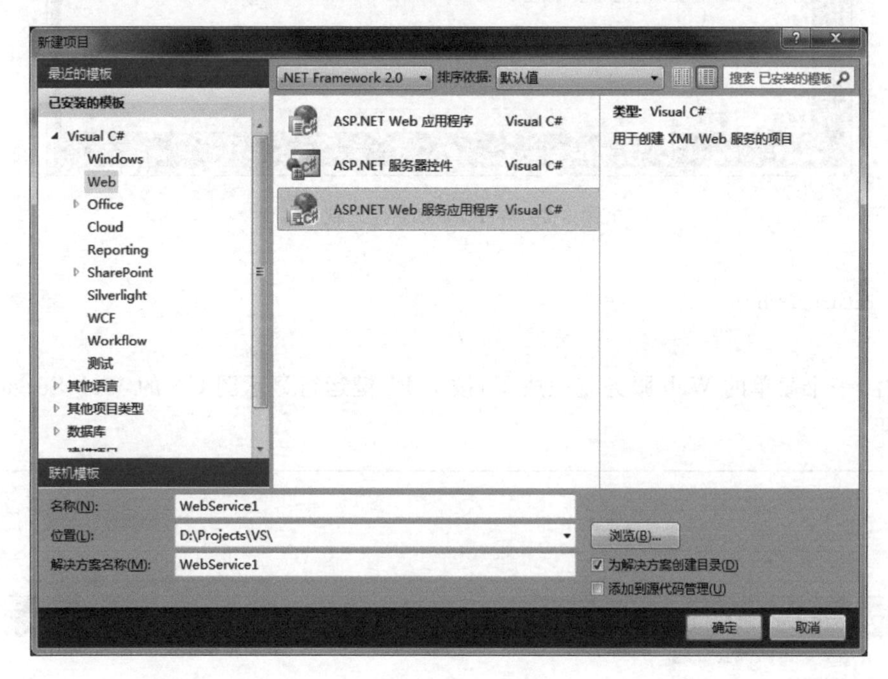

图 9-1 创建 Web 服务

(2) 单击"确定"按钮后,VS. NET 就为我们创建了一个 Web 服务项目。在新建完项目后,在开发环境中会出现如图 9-2 所示的代码。

在图 9-2 的代码编辑框中,VS 已经替我们创建了一个简单的 Hello World 的 Web 服务接口方法,这个方法和普通的方法所不同的是带有[WebMethod]属性。我们可以注释掉该方法,然后添加自己的业务接口代码。

(3) 实现我们自己的业务代码。

注释系统自动创建的 Hello World 方法,创建一个加法运算的方法。

```
[WebMethod]
public int Add(int a, int b)
```

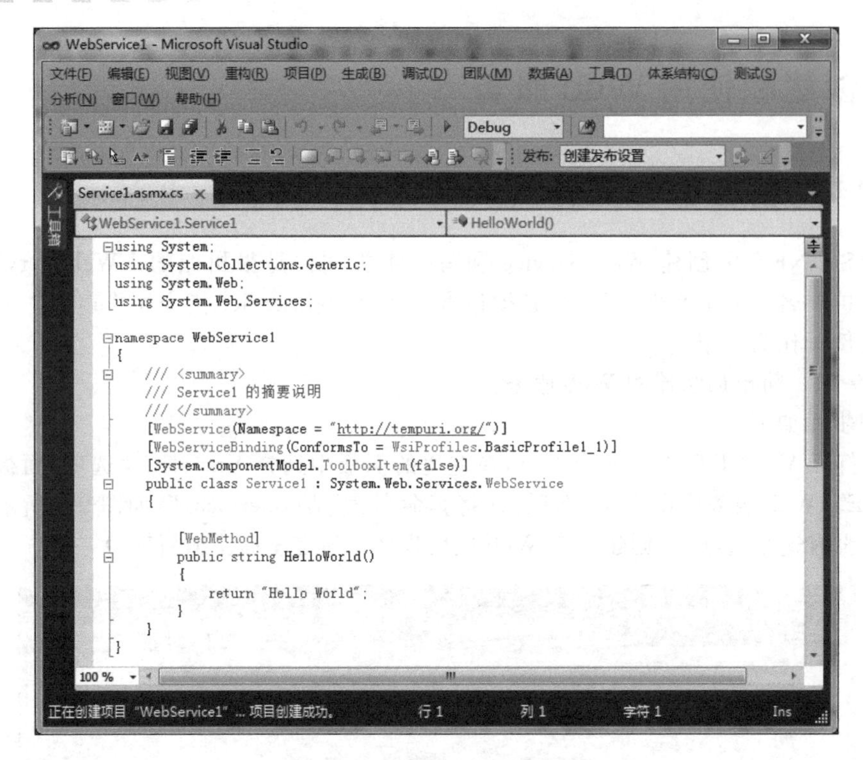

图 9-2 Web Service 代码视图

```
{
    return a + b;
}
```

这样，一个简单的 Web 服务就完成了，按下 F5 键运行显示图 9-3 的 Web Service 服务页面结果。

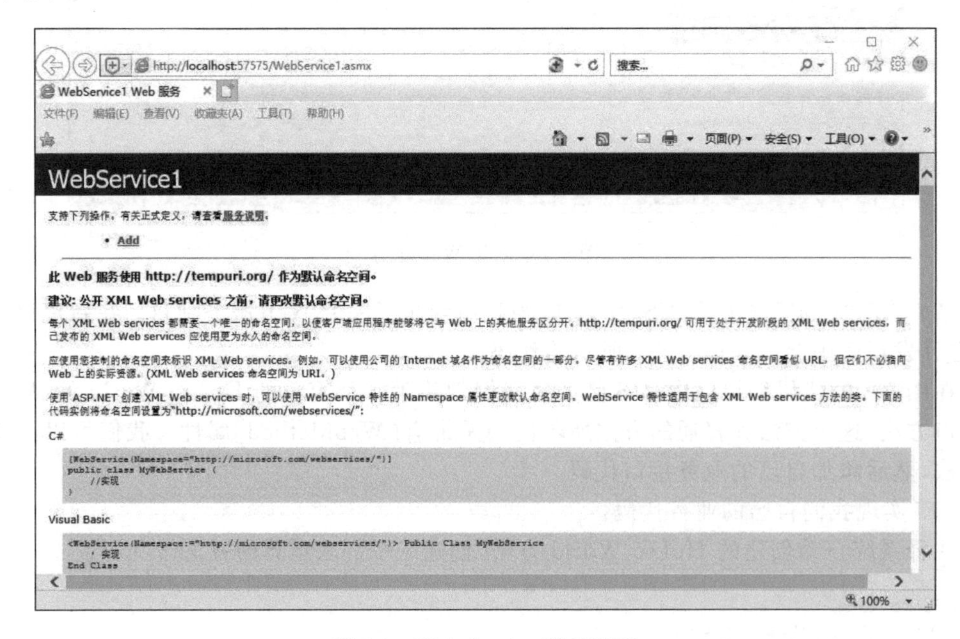

图 9-3 Web Service 服务页面

这个例子非常简单，因为仅有一个 Add 方法。单击这个方法会显示另一个网页，如图 9-4 所示。这个网页就是该特定方法的测试页，其中包括对应方法接收的每个参数的文本框。现在在两个文本框中分别输入“11”“22”并单击“调用”按钮。

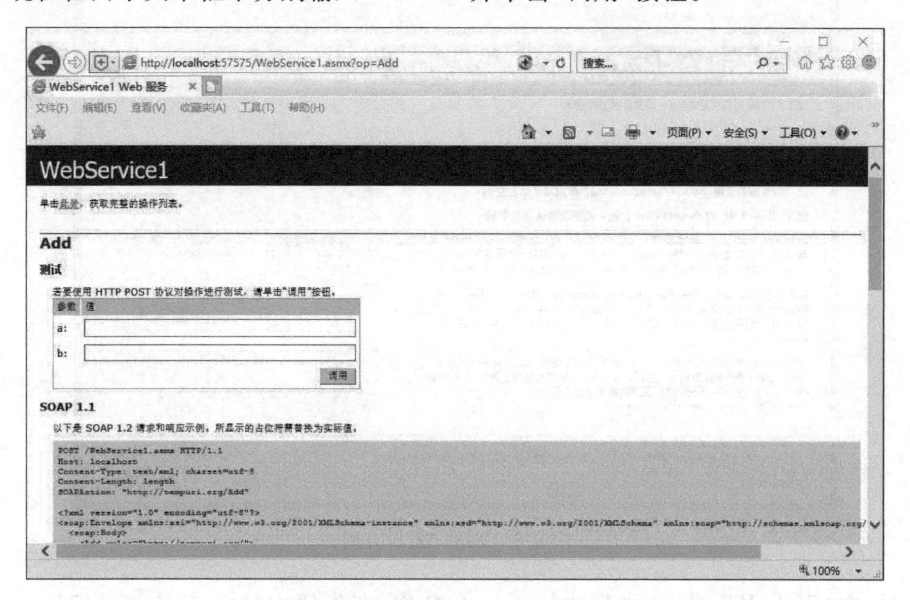

图 9-4　Web Service 测试页面

9.2.2　调用 Web 服务

使用 Web App 调用 Web Service 其实和创建 Web Service 一样简单。实现步骤如下：

(1) 新建一个 ASP.NET Web 应用程序 WebApp。

(2) 添加 Web Service 引用。在项目上右击鼠标，在弹出的快捷菜单中选择“添加 Web 引用”命令，如图 9-5 所示，弹出“添加 Web 引用”对话框。

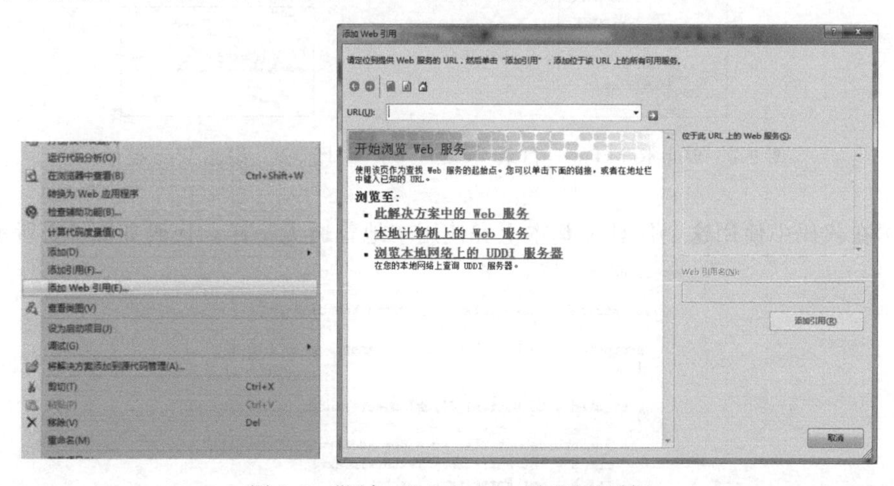

图 9-5　“添加 Web Service 引用”对话框

在 URL 中输入“http://localhost: 56158/Service1.asmx”，单击按钮，在“Web 引用名”处输入“AddService”，单击“添加引用”按钮，如图 9-6 所示。

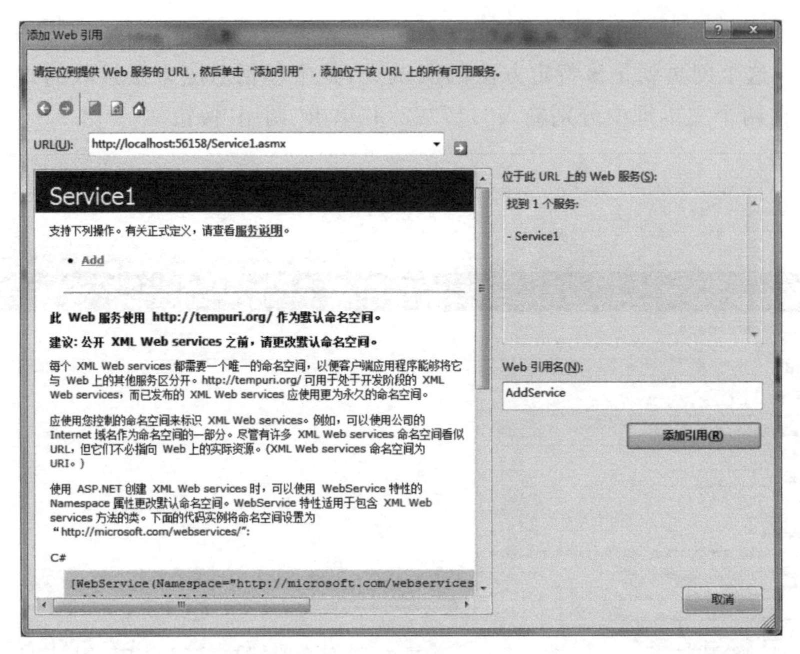

图 9-6　添加 Web 引用

这时，在"Web 引用名"文本框中输入一个名称，在代码中使用该名称以编程方式访问所选择的 Web 服务，单击"添加引用"按钮。

此时，项目中多了一个名叫 Web References 的目录，如图 9-7 所示，自动生成的代理类就放在这里。

(3) 在 Web 页面中添加如图 9-8 所示的控件。

图 9-7　Web References 目录

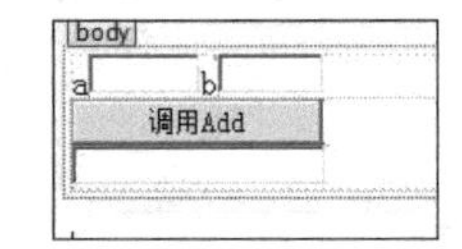

图 9-8　添加 Web 控件

(4) 在代码中使用这个代理类基本上和使用本地普通类一样。代码如图 9-9 所示。

```
namespace WebApp
{
    public partial class _Default : System.Web.UI.Page
    {
        protected void Page_Load(object sender, EventArgs e)
        {
        }
        protected void Button1_Click(object sender, EventArgs e)
        {
            AddService.Service1 sv = new AddService.Service1();
            int a = int.Parse(this.TextBox1.Text);
            int b = int.Parse(this.TextBox2.Text);
            int c = sv.Add(a, b);
            TextBox3.Text = "两数之和为: " + c.ToString();
        }
    }
}
```

图 9-9　添加 Web 代码

至此，Web App 调用 Web Service 的过程就完成了。运行结果如图 9-10 所示。

图 9-10 Web Service 运行结果

9.3 Web Service 实用程序开发举例

9.3.1 使用 Web Service 编写天气预报程序

【例 9-2】 基于 Web Service 编写天气预报程序。

该程序所用 Web Service 服务的网站为：http://www.webxml.com.cn/WebServices/WeatherWebService.asmx。

我们需要其中的如下 3 个 API。

(1) GetSupportCity()：查询本天气 Web Service 支持的城市信息。输入参数 byProvinceName 为指定的省份，若为 ALL 则表示显示全部。该方法返回一个一维字符串数组 String[]，String[0]为返回个数。

(2) GetSupportProvince()：查询本天气 Web Service 支持的省份信息。该方法返回一个一维字符串数组 String[]，内容为支持的省份。

(3) GetWeatherbyCityName()：根据城市名称返回获得的天气情况。

输入参数 theCityName 为城市中文名称，如北京、重庆。该方法返回一个 String[]数组值，共有 23 个元素。String(0)～String(4)：省份、城市、城市代码、城市图片名称、最后更新时间；String(5)～String(11)：当天的气温、概况、风向和风力、天气趋势开始图片名称(以下称图标一)、天气趋势结束图片名称(以下称图标二)、现在的天气实况、天气和生活指数；String(12)～String(16)：第二天的气温、概况、风向和风力、图标一、图标二；String(17)～String(21)：第三天的气温、概况、风向和风力、图标一、图标二；String(22)被查询的城市或地区的介绍。

天气预报程序界面设计如图 9-11 所示。

各个控件的名称及功能如图 9-12 所示。

在 Weather 工程的解决方案资源管理器中右击鼠标，选择"添加服务引用"选项，打开"添加服务引用"对话框，如图 9-13 所示。

单击"高级"按钮，打开"服务引用设置"对话框，如图 9-14 所示。

单击"添加 Web 引用"按钮，打开"添加 Web 引用"对话框，如图 9-15 所示。

在"URL:"中输入"http://www.webxml.com.cn/WebServices/WeatherWebService.asmx"，单击➡按钮出现如图 9-16 所示界面。

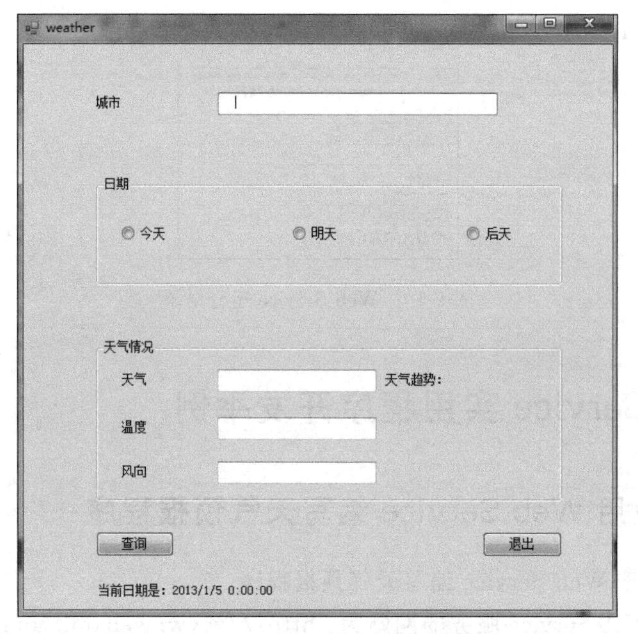

图 9-11　Weather 程序布局

编号	类型	Name	功能
1	文本框	citytextBox	城市名
2	单选按钮	todyradioButton	“今天”选项
3	单选按钮	torrowradioButton	“明天”选项
4	单选按钮	afterradioButton	“后天”选项
5	文本框	weathertextBox	显示天气
6	文本框	temtextBox	显示温度
7	文本框	windtextBox	显示风向
8	按钮	searchButton	查询
9	按钮	appButton	退出
10	标签	datelable	显示当前日期

图 9-12　各个控件的名称及功能

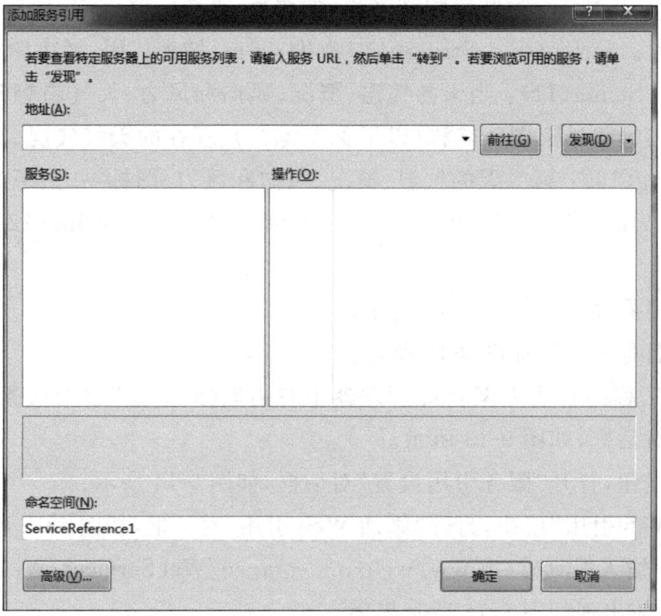

图 9-13　添加服务引用

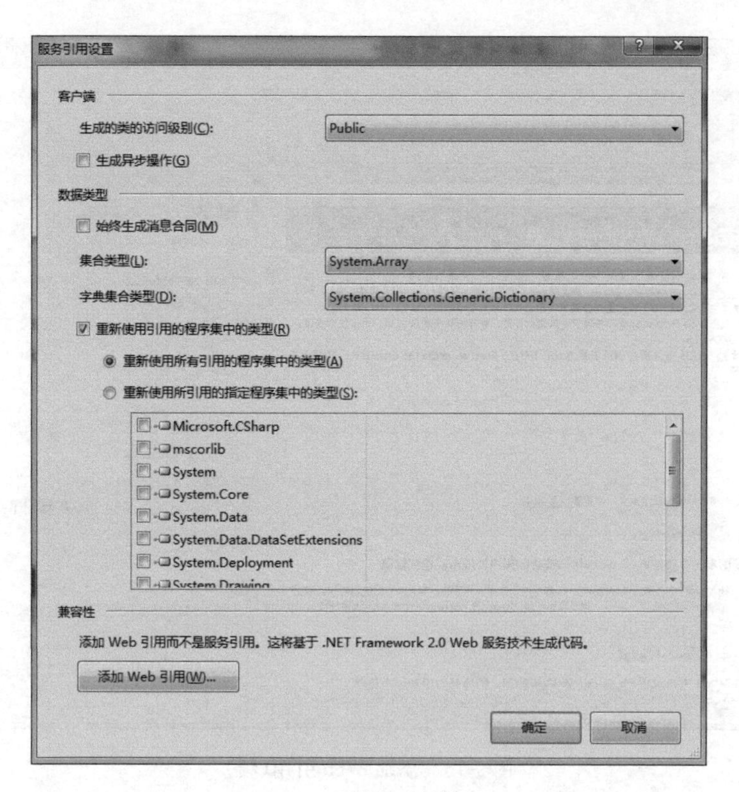

图 9-14 服务引用设置

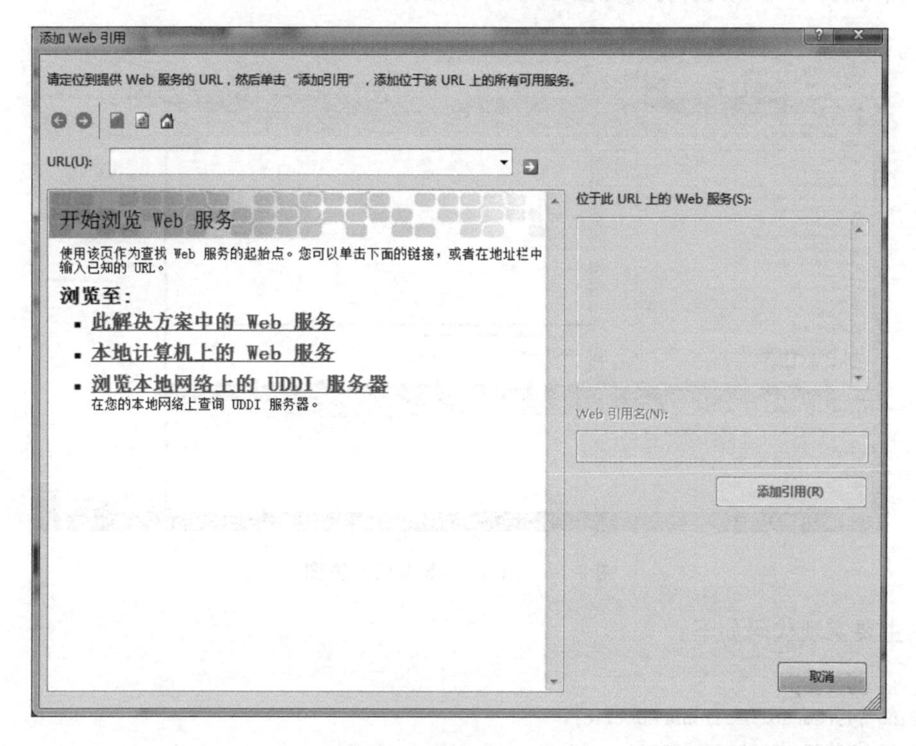

图 9-15 添加 Web 引用

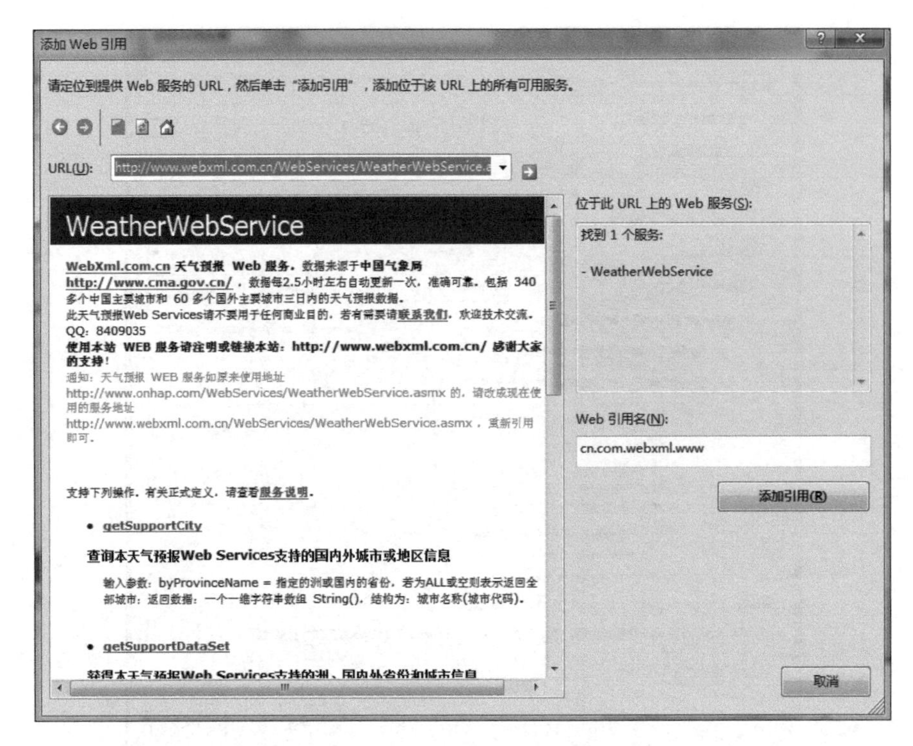

图 9-16　添加 Web 引用(续)

单击“添加引用”按钮，打开如图 9-17 所示的界面。

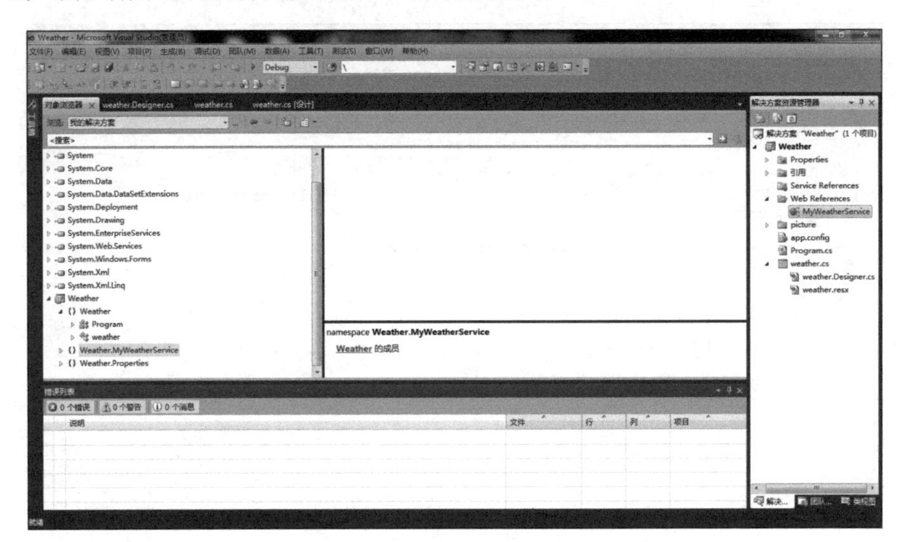

图 9-17　添加 Web 引用后视图

其主要实现代码如下：

```
using System;
using System.Collections.Generic;
using System.ComponentModel;
using System.Data;
```

```
using System.Drawing;
using System.Linq;
using System.Text;
using System.Windows.Forms;

namespace Weather
{
  public partial class weather : Form
  {
        public weather()
        {
            InitializeComponent();
        }
        private string[] str;

        private void searchbutton_Click(object sender, EventArgs e)
        {
            //实例化一个引用
            MyWeatherService.WeatherWebService ls =
            new global::Weather.MyWeatherService.WeatherWebService();
            if (citytextBox.Text == "")
            {
                MessageBox.Show("请输入城市名称.");
            }
            else
            {
               //调用城市获得的天气情况函数
                str = ls.getWeatherbyCityName(citytextBox.Text);
            }
            //选择想要查询的天数日期
            if (todyradioButton.Checked)
            {
                weathertextBox.Text = str[6];
                temtextBox.Text = str[5];
                windtextBox.Text = str[7];
                //从图片站中选择图片来显示天气情况
                pictureBox1.Image =
               System.Drawing.Image.FromFile("..\\..\\picture\\b_" + str[8]);
                pictureBox2.Image =
                System.Drawing.Image.FromFile("..\\..\\picture\\b_" + str[9]);
            }
            else if (torrowradioButton.Checked)
            {
                    weathertextBox.Text = str[13];
                    temtextBox.Text = str[12];
                    windtextBox.Text = str[14];
                    pictureBox1.Image =
                    System.Drawing.Image.FromFile("..\\..\\picture\\b_" +
                    str[15]);
                    pictureBox2.Image =
                    System.Drawing.Image.FromFile("..\\..\\picture\\b_" +
                    str[16]);
            }
            else
```

```
            {
                weathertextBox.Text = str[18];
                temtextBox.Text = str[17];
                windtextBox.Text = str[19];
                pictureBox1.Image =
                System.Drawing.Image.FromFile("..\\..\\picture\\b_" +
                str[20]);
                pictureBox2.Image =
                System.Drawing.Image.FromFile("..\\..\\picture\\b_" +
                str[21]);
            }
        }

        private void appbutton_Click(object sender, EventArgs e)
        {
            Application.Exit();
        }

        private void weather_Load(object sender, EventArgs e)
        {
            //显示当前的日期
            datelable.Text = "当前日期是:" + DateTime.Today.ToString();
        }
    }
}
```

本例的运行效果如图 9-18 所示。

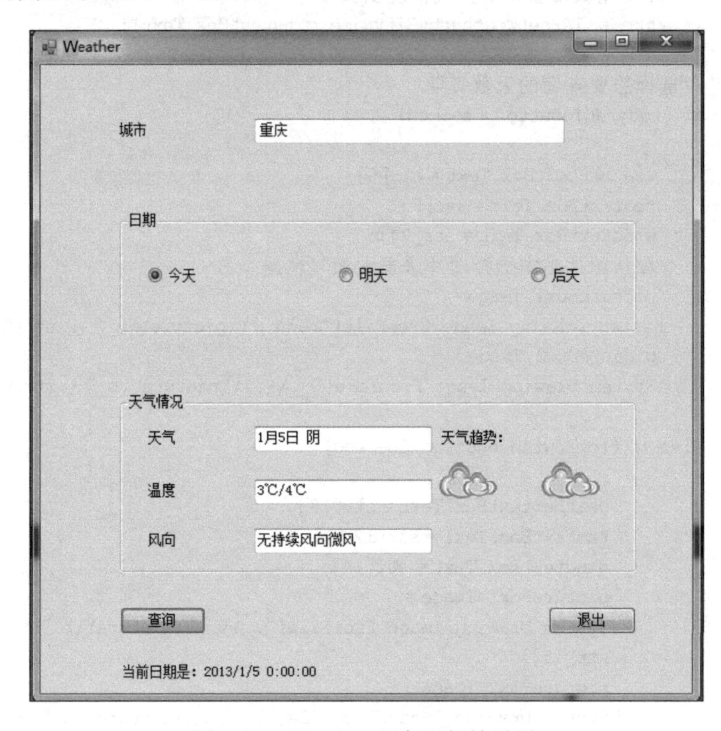

图 9-18　Weather 程序运行效果图

9.3.2　使用 Web Service 查询股票行情

【例 9-3】　基于 Web Service 的股票行情查询程序。

网站 http://www.webxml.com.cn/WebServices/ChinaStockWebService.asmx 提供股票行情的查询函数，主要有以下几个。

(1) getStockImageByCode：直接获得中国股票分时走势图(545×300pixel/72dpi)。

(2) getStockImageByteByCode：获得中国股票分时走势图字节数组。

(3) getStockImage_kByCode：直接获得中国股票日/周/月 K 线图(545×300pixel/72dpi)。

(4) getStockImage_kByteByCode：获得中国股票日/周/月 K 线图字节数组。

(5) getStockInfoByCode：获得中国股票及时行情。

这里主要使用第 5 个方法 getStockInfoByCode 获得中国股票及时行情。输入参数：theStockCode=股票代号，如 sh000001，返回数据：一个一维字符串数组 String(24)，结构为：String(0)股票代号、String(1)股票名称、String(2)行情时间、String(3)最新价(元)、String(4)昨收盘(元)、String(5)今开盘(元)、String(6)涨跌额(元)、String(7)最低(元)、String(8)最高(元)、String(9)涨跌幅(%)、String(10)成交量(手)、String(11)成交额(万元)、String(12)竞买价(元)、String(13)竞卖价(元)、String(14)委比(%)、String(15)-String(19)买一-买五(元)/手、String(20)-String(24)卖一-卖五(元)/手。

程序界面设计如图 9-19 所示。

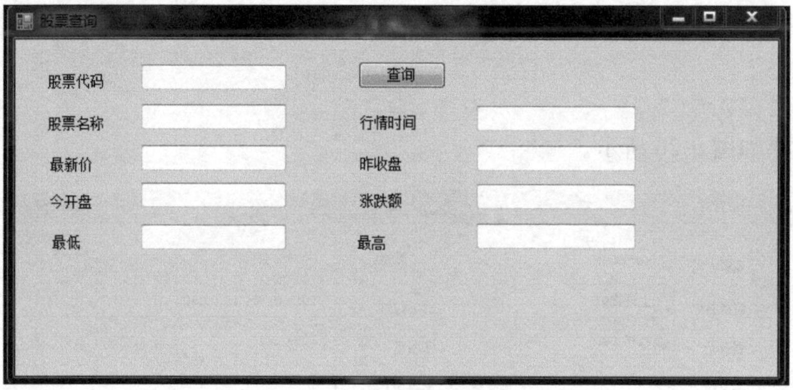

图 9-19　股票查询程序布局

添加如下引用名：cn.com.webxml.www。

代码如下：

```
using System;
using System.Collections.Generic;
using System.ComponentModel;
using System.Data;
using System.Drawing;
using System.Linq;
using System.Text;
```

```
using System.Windows.Forms;

namespace SharesSearch
{
    public partial class Shares : Form
    {
        private string[] str;
        public Shares()
        {
            InitializeComponent();
        }

        private void searchbutton_Click_1(object sender, EventArgs e)
        {
            cn.com.webxml.www.ChinaStockWebService stock = new
            cn.com.webxml.www.ChinaStockWebService();             //实例接口
            str = stock.getStockInfoByCode(codetextBox.Text);     //实例方法
            nametextBox.Text = str[1];
            timetextBox.Text = str[2];
            mtextBox.Text = str[3];
            ytextBox.Text = str[4];
            ttextBox.Text = str[5];
            itextBox.Text = str[6];
            ltextBox.Text = str[7];
            utextBox.Text = str[8];

        }
    }
}
```

运行效果如图 9-20 所示。

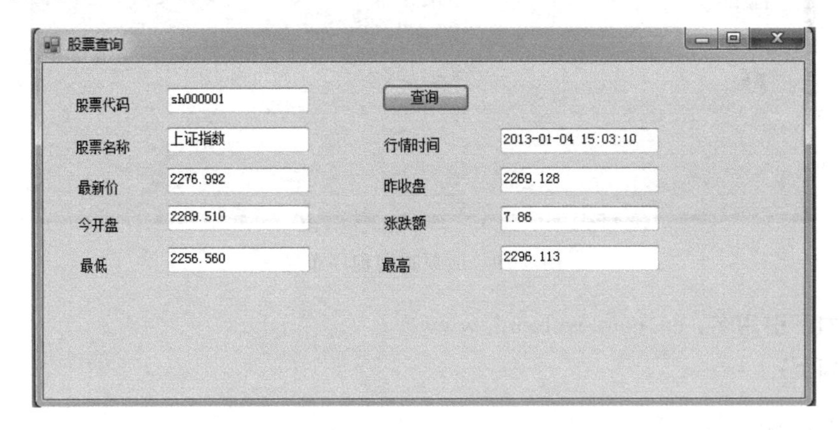

图 9-20　股票查询运行效果图

第四部分 C#网络程序开发实践

实验一　C#网络程序开发基础——使用多线程扫描主机及端口

实验二　TCP程序开发实践——C/S模式的局域网聊天程序开发

实验三　UDP程序开发实践——局域网视频聊天程序开发

实验四　P2P程序开发实践——双人对战五子棋

实验五　FTP程序开发实践——编写自己的FTP服务器

实验六　电子邮件程序开发实践——电子邮件客户端

实验七　HTTP程序开发实践——编写自己的简单Web浏览器

实验八　Web Service程序开发实践——学生网络选课管理程序

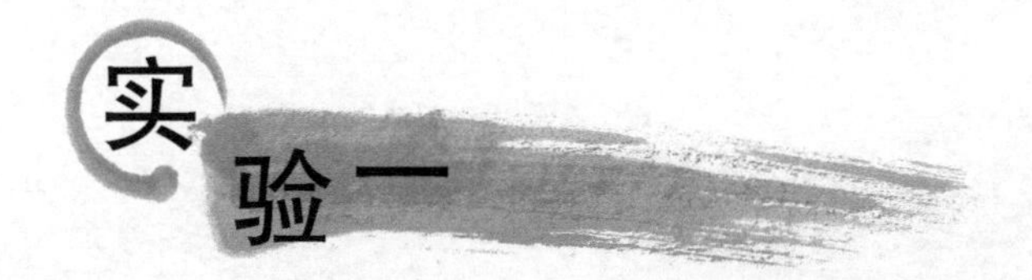

C#网络程序开发基础——使用多线程扫描主机及端口

1. 实验要求和目的

(1) 掌握 IPAdress、IPHostEntry、IPEndPoint 和 Dns 类的使用。

(2) 理解多线程和委托的使用情况。

(3) 掌握 Thread 类和 delegate 委托的使用。

(4) 掌握线程的建立、启动、挂起的方法。

2. 实验内容

编写 Windows 应用程序，使用多线程技术实现局域网主机及端口扫描程序，要求满足以下功能：

(1) 指定 IP 地址范围和端口号范围，列出各个主机的名称、开放的 TCP 端口号及 UDP 端口号。

(2) 显示各端口号类型。

(3) 统计扫描时间。

要求分别使用单线程、多线程技术完成，在程序界面上有相应按钮供用户选择。

3. 实验习题

(1) 线程与进程的区别和联系是什么？

(2) 大量的使用线程会使计算机忙于切换线程，如何改进程序？如果使用线程池技术，又该怎么做？

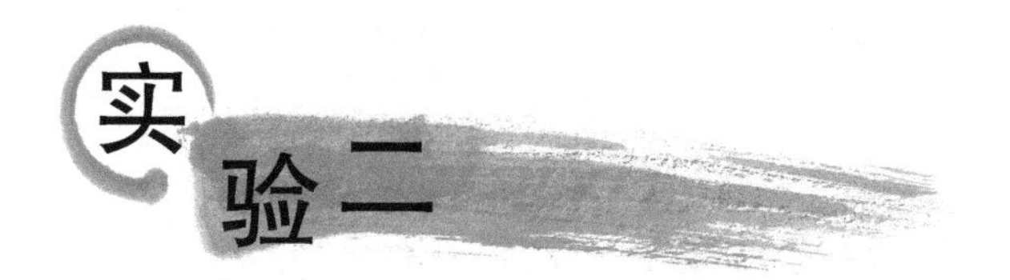

TCP程序开发实践
——C/S模式的局域网聊天程序开发

1. 实验要求和目的

(1) 掌握 TCP 的特点和 TCP 应用编程的一般步骤。

(2) 掌握同步 TCP 编程的流程和使用方法。

(3) 掌握 Socket、TcpListener 和 TcpClient 类的使用方法。

(4) 掌握使用 TCP 协议传送文件的方法。

2. 实验内容

使用多线程技术,编写 C/S 方式的聊天程序,实现客户端与服务器之间的通信。要求满足以下要求:

(1) 服务器向连接成功的客户端发送欢迎消息。

(2) 服务器界面上显示连接到它的客户端 IP 地址。

(3) 服务器选择某个客户端进行聊天。

(4) 客户端可以看到其他客户端在线或者离线的状态。

(5) 客户端可以选择和在线的其他客户端聊天,聊天信息通过服务器转发。

3. 实验习题

(1) 当有大量客户端在线时,客户端之间的聊天信息经过服务器转发会加重服务器的负担,请问有什么方法可以改变这种状况?试阐述实现方法。

(2) 如何使用 TCP 协议编程实现文件传输?

UDP程序开发实践
——局域网视频聊天程序开发

1．实验要求和目的

(1) 掌握使用UDP协议进行信息收发的方法。
(2) 掌握使用UDP协议收发文件的方法。
(3) 掌握摄像头视频帧的捕获、显示及传输方法。

2．实验内容

(1) 改写实验二的聊天程序，改用UDP协议实现相应功能。
(2) 通过UDP协议传输视频帧，实现服务器与选择的客户端之间视频聊天。

3．实验习题

(1) 用UDP协议的组播功能实现公共聊天区。
(2) 如何使用UDP协议编程实现文件传输。

P2P程序开发实践——双人对战五子棋

1. 实验要求和目的

(1) 了解 P2P 的基本知识。
(2) 掌握利用 PNRP 编程的基本方法。

2. 实验内容

(1) 利用 PNRP 发现参与 P2P 五子棋的玩家。
(2) 双方协商同意后开始对弈,使用 TCP 传输信息。
(3) 程序判断输赢并给出结果。

3. 实验习题

(1) 简述 PNRP 的基本功能。
(2) P2P 设计模式有哪两种? 试说明每种模式的优缺点。

FTP程序开发实践——编写自己的FTP服务器

1. 实验要求及目的

(1) 熟悉 FTP 规范、FTP 的工作原理和数据传输方式。
(2) 掌握 FTP 常用响应码的含义。
(3) 掌握 FtpWebRequest 和 FtpWebResponse 类的使用。

2. 实验内容

编写 FTP 服务器程序,使之能接收客户端的连接请求,实现对其的登录和文件上传功能。

3. 实验习题

(1) 实现 FTP 服务器向客户端传输目录列表的功能。
(2) 实现 FTP 服务器向客户端传输文件,从而实现客户端的文件下载功能。

电子邮件程序开发实践
——电子邮件客户端

1. 实验要求和目的

(1) 了解 SMTP 和 POP3 协议的原理与规范。

(2) 掌握 StmpClient、MailMessage、Attachment 类的使用方法。

2. 实验内容

编写 Windows 应用程序,使用 StmpClient、MailMessage 及 Attachment 类实现发送电子邮件,要求能够实现以下功能:

(1) 发送邮件附件。

(2) 实现邮件群发。

(3) 实现添加及删除联系人邮箱。

3. 实验习题

在电子邮件客户端中增加邮件接收模块。

实验七 HTTP程序开发实践——编写自己的简单Web浏览器

1. 实验要求和目的

(1) 了解 HTTP 协议的原理及 HTTP 请求/响应模型。

(2) 掌握 Uri 类、WebRequest 类和 HttpWebRequest 类的使用方法。

(3) 掌握.NET 中 WebBrowser 控件的使用方法。

2. 实验内容

使用 WebBrowser 控件编写一个简单的 Web 浏览器,要求实现以下功能:

(1) 网页显示与导航,包括主页设置,网页的打开、后退、前进、停止和刷新。

(2) 保存网页。

(3) 本地浏览。

(4) 查看和保存网页 HTML 源文件。

(5) 记录历史 URL。

(6) 利用百度搜索引擎和 HTTP 的 GET 方法,实现通过程序输入搜索内容并提交百度服务器,将服务器返回的 HTML 源代码解析成对应网页并显示。

3. 实验习题

如何在上面的浏览器中实现文件下载功能?

Web Service程序开发实践——学生网络选课管理程序

1. 实验要求和目的

(1) 掌握 Web Service 的创建和调用。

(2) 掌握 Web Service 和数据库的结合使用。

2. 实验内容

编写一个学生网络选课管理程序，实现以下功能。

(1) 用户管理：用户分为管理员、教师和学生三类，不同用户具有不同权限。管理员具有最高权限，能添加、删除教师和学生用户；教师能对所授课程给予成绩；学生能选择课程，查看所选课程的成绩。

(2) 课程管理：管理员进行课程的添加、删除、修改，指定每学期所开课程。教师负责给开课课程给予成绩。

(3) 选课管理：课程分为必修课和选修课，学生每学期能查询所开课程的信息，并根据自己的学分要求进行选课。

要求：

(1) 选课程序可以用网页，也可以用窗体实现。

(2) 所有主要的方法必须在 Web Service 中创建。

3. 实验习题

(1) 编写基于 Web Service 的国内航班时刻表查询程序。

(2) 编写基于 Web Service 的国内火车时刻表查询程序。

第五部分　C#网络程序开发课程设计

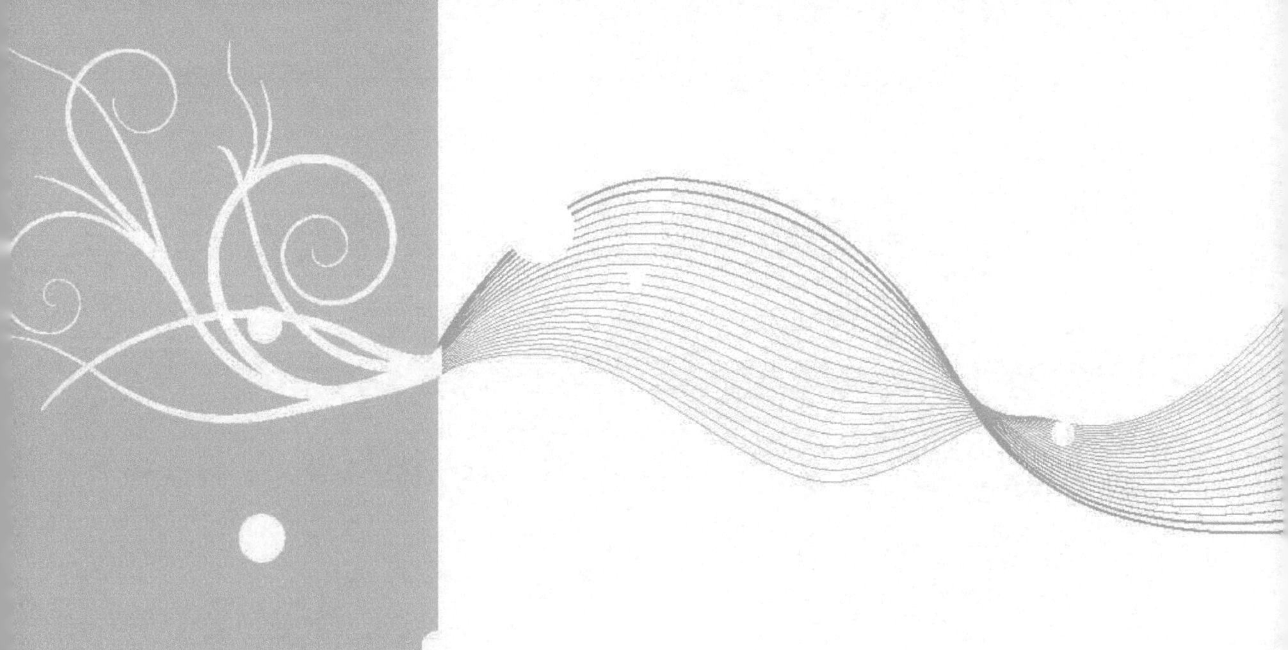

1. 设计目的

本课程设计是网络程序开发的重要实践课程。课程开设的目的是使学生加深对教材中使用C＃开发网络应用程序的方法及重要算法的理解，通过用C＃语言编写若干相对完整的网络工程实例，让学生更好地掌握网络编程方面的技巧和方法，提高学生综合运用网络专业知识的能力，锻炼学生网络综合编程技能。

2. 题目及要求

课题1　使用.NET的远程技术编写远程控制客户端和服务端

设计要求：

(1) 服务器远程操作客户端主机关机、重启和注销。

(2) 客户端运行后自动登录服务器，并在服务器端显示客户端IP地址列表。

(3) 服务器定时远程抓取客户端主机屏幕截图，并在服务器端显示。

(4) 服务器远程显示客户端主机进程列表。

课题2　P2P版网络五子棋游戏程序

设计要求：

(1) 实现局域网内两人联机五子棋游戏。

(2) 程序能够根据游戏规则判断获胜方。

课题3　利用同步TCP编写C/S版网络五子棋游戏程序

设计要求：

(1) 服务器同时服务多桌，每桌允许两个玩家通过网络对弈。

(2) 程序能够根据游戏规则判断获胜方。

(3) 允许玩家自由选择坐在哪一桌的哪一方。如果两个玩家坐在同一桌，双方应都能看到对方状态，两个玩家均单击“开始”按钮后，游戏才开始。

(4) 玩家进入游戏大厅后，可以看到各个游戏桌两边是否有人的情况，而且可以决定是否坐到某个座位上，坐到座位上后，才能看到游戏桌上的棋盘。玩家可以随时离开座位，离开座位后服务器及时更新游戏大厅信息。

课题4　P2P版网络黑白棋游戏程序

游戏规则：

1) 游戏目的

游戏通过相互翻转对方的棋子，最后以棋盘上谁的棋子多来判断胜负。

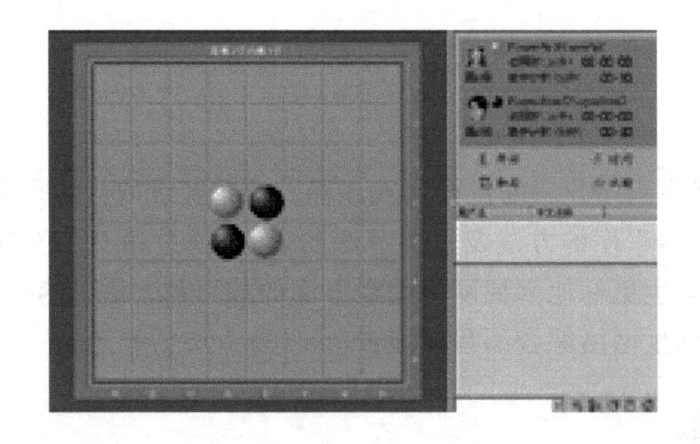

2) 下棋方法

黑白棋的棋盘是一个有 8×8 方格的棋盘。下棋时将棋下在空格中间,而不是像围棋一样下在交叉点上。开始时在棋盘正中有两白两黑 4 个棋子交叉放置,黑棋总是先下子。

3) 下子的方法

把自己颜色的棋子放在棋盘的空格上,而当自己放下的棋子在横、竖、斜 8 个方向内有一个自己的棋子,则被夹在中间的全部翻转成为自己的棋子,并且只有在可以翻转棋子的地方才可以下子。

4) 胜负判定条件

如果玩家在棋盘上没有地方可以下子,则该玩家对手可以连下。双方都没有棋子可以下时棋局结束,以棋子数目来计算胜负,棋子多的一方获胜。在棋盘还没有下满时,如果一方的棋子已经被对方吃光,则棋局也结束。将对手棋子吃光的一方获胜。

设计要求:

(1) 实现局域网内两人联机黑白棋游戏。

(2) 程序能够根据游戏规则判断获胜方。

课题 5 利用同步 TCP 编写 C/S 版网络黑白棋游戏程序

设计要求:

(1) 服务器同时服务多桌,每桌允许两个玩家通过网络对弈。

(2) 程序对每人落子时间进行计时,如果超出设置的时间范围,则宣告该人失败。

(3) 程序能够根据游戏规则判断获胜方。

(4) 允许玩家自由选择坐在哪一桌的哪一方。如果两个玩家坐在同一桌,双方应都能看到对方状态,两个玩家均单击“开始”按钮后,游戏才开始。

(5) 玩家进入游戏大厅后,可以看到各个游戏桌两边是否有人的情况,而且可以决定是否坐到某个座位上,坐到座位上后,才能看到游戏桌上的棋盘。玩家可以随时离开座位,离开座位后服务器及时更新游戏大厅信息。

课题 6 使用 HTTP 协议编写多线程下载工具

设计要求:

(1) 能够进行多线程下载。

(2) 能够看到文件的下载进度信息。

(3) 能够保存下载信息。

(4) 可以得到文件的长度信息。

课题 7　使用.NET 技术编写 FTP 客户端

设计要求：

(1) 根据服务器的 IP 地址、用户名、密码登录 FTP 服务器。

(2) 在客户端显示服务器响应信息。

(3) 登录成功后，在客户端显示服务器 FTP 目录及文件(目录和文件显示加以区别)。

(4) 用户可以双击目录后进入该目录，也可以双击"返回上级目录"，返回到上层目录。

(5) 用户将本地文件上传至 FTP 服务器，以及采用多线程技术从服务器上下载文件。

课题 8　编写 P2P 方式的局域网视频聊天程序

设计要求：

(1) 实现两客户端之间的文字聊天。

(2) 实现两客户端之间的视频图像的传输。

(3) 实现两客户端之间的文件传输。

课题 9　编写 C/S 方式的局域网视频聊天程序

设计要求：

(1) 客户端登录服务器获取在线用户列表。

(2) 当某个用户离线时，向服务器发送离线消息，服务器及时向其他在线用户发出用户列表更新消息。

(3) 实现在线的任意两客户端之间的文字聊天、视频图像的传输和文件传输。

课题 10　编写发送和接收电子邮件客户端程序

设计要求：

(1) 使用多线程实现邮件群发。

(2) 使用多线程技术从远程电子信箱中接收邮件并显示相应的邮件列表。

(3) 实现添加及删除联系人。

课题 11　编写网络多账户提款机存取款程序

设计要求：

(1) 多个储户的账户存储在服务器上，所有账户的金额形成(银行)总额；储蓄账户拥有账号和密码。

(2) 任意时刻储户都可以从柜员机(客户端)进行账户余额查询、修改密码、提取或者存入金额。每次存取款后柜员机显示储户账户提款信息及账户余额。

(3) 服务器端动态显示当前所有账户的余额及账户总额。

(4) 要求客户端用 Windows 界面,服务器可以用控制台或 Windows 界面。

课题 12 编写网络画图程序

设计要求:

(1) 采用 C/S 模式,每个用户拥有一个账号和密码,登录成功后在客户端实现画图,画图文件由用户选择保存在服务器或者客户端。

(2) 用户可以查看服务器及客户端上文件夹中的画图文件。

(3) 服务器可以同时服务多个画图用户。

(4) 画图程序具备以下功能:

① 绘制直线、椭圆、圆弧、矩形、多边形及草稿线。

② 设置绘制图形的颜色及线条粗细。

③ 能够对封闭图形进行填充。

④ 读入及保存绘制图形。

课题 13 编写网络图像处理程序

设计要求:

(1) 采用 C/S 模式,每个用户拥有一个账号和密码,登录成功后在客户端实现图像的浏览和简单处理,处理后的文件由用户选择保存在服务器或者客户端。

(2) 用户可以查看服务器及客户端上文件夹中的图像文件。

(3) 服务器可以同时服务多个用户。

(4) 图像浏览及处理程序具备以下功能:

① 打开、显示及保存图像。

② 对打开的图像进行复制和粘贴。

③ 对图像进行平移、旋转操作。

④ 将彩色图像转换为灰度图像。

课题 14 编写网络计时拼图游戏

设计要求:

(1) 采用 C/S 模式,每个用户拥有一个账号和密码,登录成功后在客户端实现计时拼图,服务器保存用户每次计时拼图的时间。

(2) 服务器可以同时服务多个用户。

(3) 程序读入图片组并随机产生乱序(图片保存在服务器硬盘上)。

(4) 玩家可以通过客户端将本地图片上传到服务器的图片保存目录中。

(5) 玩家通过单击空格移动图片,完成拼图,程序判断拼图是否完成。

(6) 在程序状态栏中显示计时时间。

课题 15　编写多人网络计时拼图游戏

设计要求：

(1) 采用 C/S 模式，服务器同时服务多组，每组允许若干玩家通过网络对同一个拼图比赛，看谁用的时间短。

(2) 每个用户拥有一个账号和密码，登录成功后在游戏大厅选择游戏组，每组至少 2 人才能开始游戏，开始游戏前需征得同组的其他成员一致同意，游戏才能开始。游戏时各用户在服务器规定时间内在客户端上拼同一幅图，服务器保存每组内各用户计时拼图的时间并排序，给出名次次序。

(3) 超出服务器规定时间者作失败处理，用户也可以主动放弃，放弃者也作失败处理。

(4) 服务器可以同时服务多个用户。

(5) 程序读入图片组并随机产生乱序(图片保存在服务器硬盘上)。

(6) 玩家可以通过客户端将本地图片上传到服务器的图片保存目录中。

(7) 玩家通过鼠标单击空格旁的图片使它移向空格，以此来完成拼图，程序判断拼图是否完成。

(8) 在程序状态栏中显示计时时间。

课题 16　编写网络推箱子游戏

设计要求：

(1) 采用 C/S 模式，每个用户拥有一个账号和密码，登录成功后在客户端实现推箱子，服务器保存用户每次推箱子游戏的时间。

(2) 服务器可以同时服务多个用户。

(3) 通过键盘控制小人的运动。

(4) 小人只能向前推动箱子，而不能向后拉动箱子。

(5) 将全部箱子推到指定地点获胜。

(6) 在程序状态栏中显示计时时间。

课题 17　编写多人网络推箱子游戏

设计要求：

(1) 采用 C/S 模式，服务器同时服务多组，每组允许若干玩家通过网络对同一个关卡比赛，看谁用的时间短。

(2) 每个用户拥有一个账号和密码，登录成功后在游戏大厅选择游戏组，每组至少 2 人才能开始游戏，开始游戏前需征得同组的其他成员一致同意，游戏才能开始。游戏时各用户在服务器规定时间内在客户端上玩同一关卡，服务器保存每组内各用户过关的时间并排序，给出名次次序。

(3) 超出服务器规定时间者作失败处理，用户也可以主动放弃，放弃者也作失败处理。

(4) 服务器可以同时服务多个用户。

(5) 通过键盘控制小人的运动。

(6) 小人只能向前推动箱子,而不能向后拉动箱子。
(7) 将全部箱子推到指定地点获胜。
(8) 在程序状态栏中显示计时时间。

课题 18　编写网络理财管理器

设计要求:
(1) 采用 C/S 模式,每个用户拥有一个账号和密码,登录成功后在服务器上实现理财管理,服务器保存用户理财数据信息。
(2) 服务器可以同时服务多个用户。
(3) 记录用户每日收支项(项目时间、收支类别、说明、金额、余额)。
(4) 收支项的添加、编辑、删除。
(5) 统计用户当月及指定月份的收支情况:收支对比、分类开支及分类收入。
(6) 统计指定月份每日收支情况。
(7) 提供记事本让用户写理财日记。
(8) 理财数据用数据库或文件保存,每次用户登录后打开管理器时能够自动加载数据。
(9) 用户可以将理财数据下载到本地。

课题 19　编写网络学生选课综合管理程序

将数据库保存在服务器上,数据库名为 SelectCourse. mdb。该数据库中有一个名为 student 的表,包含以下字段:学号、姓名、性别、班级编号、出生日期、籍贯;一个名为 CourseInfo 的表,包含以下字段:课程编号、课程名称、学时、学分、开课专业;一个名为 ScoreInfo 的表,包含以下字段:学号、课程编号、分数。要求网络管理程序实现以下功能:
(1) 采用 C/S 模式,用户通过客户端在服务器上进行选课管理。
(2) 用户分为管理员(1 名)与学生(多名),每个用户拥有一个账号和密码,登录成功后实现选课管理,服务器保存用户及选课信息。
(3) 服务器可以同时服务多个用户。
(4) 管理员能对学生信息进行添加、修改、删除。
(5) 管理员能对课程信息进行添加、修改、删除。
(6) 学生能进行选课及相应成绩的查询。
(7) 管理员能对指定课程查询选课学生及相应成绩。

课题 20　编写网络员工管理信息程序

将数据库保存在服务器上,数据库名为 Person. mdb。该数据库中包含:①用户信息表(UserInfo),包含以下字段:用户名(主键)、密码、描述;②工种信息表(JobInfo),包含以下字段:工种编号、工种名称(主键)、描述;③员工信息表(PersonInfo),包含以下字段:员工编号(主键)、员工姓名、部门编号、工种名称、性别、生日、籍贯、学历、专业、参加工作时间、进入公司时间、职称、备注;④部门信息表(DepartInfo),包含以下字段:部门编号(主键)、部门名称、部门领导、备注;⑤收入信息表(Income),包含以下字段:收入编号(主键)、月份、员工编号、月收入、备注。要求网络管理程序实现以下功能：

(1) 采用C/S模式，用户通过客户端在服务器上进行员工管理。

(2) 服务器可以同时服务多个用户。

(3) 用户分为管理员(1名)与一般用户(多名)，每个用户拥有一个账号和密码，登录成功后才能进行相应管理和查询，服务器保存员工信息。

(4) 管理员能对用户信息进行添加、修改、删除。

(5) 管理员能对工种信息进行添加、修改、删除。

(6) 管理员能对员工所属部门信息进行添加、修改、删除。

(7) 管理员能对员工收入信息进行添加、修改、删除。

(8) 一般用户能查询指定员工的所属部门及收入。

(9) 一般用户能查询指定部门内员工信息，并进行统计(员工数、员工收入平均值)。

(10) 一般用户能查询指定部门内工种信息，并进行统计(工种数、工种收入平均值)。

(11) 一般用户能查询指定工种内的员工信息，并进行统计(员工数、部门数、员工收入平均值)。

3. 考核方式

课程设计成绩评定的依据有设计文档资料、具体实现设计方案的程序及答辩演示情况，其中，文档资料占总成绩的30%，程序演示及答辩占总成绩的70%。

考核结果有以下几种。

优：有完整的符合标准的文档，文档有条理、文笔通顺，格式正确，其中有总体设计思想的论述；程序完全实现设计方案，设计方案先进，软件可靠性好；答辩表现良好。

良：有完整的符合标准的文档，文档有条理、文笔通顺，格式正确；有完全实现设计方案的软件，设计方案较先进；答辩表现良好。

中：有完整的符合标准的文档，有基本实现设计方案的软件，设计方案正确，答辩情况一般。

及格：有完整的符合标准的文档，有基本实现设计方案的软件，设计方案基本正确，答辩情况基本合格。

不及格：没有完整的符合标准的文档，软件没有基本实现设计方案，设计方案不正确，答辩时基本不能正确回答问题，或有明显的抄袭情况。

提交的电子文档和软件必须是由学生自己独立完成，对雷同者教师有权视其情况扣分或记零分。

所有小组均需进行答辩，并且文档资料完整才能给予成绩，答辩时需准备PPT。

参考文献

[1] 杨富国. Visual C#.NET 网络编程案例解析[M]. 北京：清华大学出版社，2009.
[2] 郑阿奇. Visual C#网络编程[M]. 北京：电子工业出版社，2011.
[3] 马骏. C#网络应用编程[M]. 2 版. 北京：人民邮电出版社，2010.
[4] 梅晓冬. Visual C#网络编程技术与实践[M]. 北京：清华大学出版社，2008.
[5] 丛书编委会. C#网络程序开发案例教程[M]. 北京：中国电力出版社，2008.